Tabellen
zur Chemie
und zur Analytik

in Ausbildung und Beruf

Dipl.-Chem. **Dr. Ulrich Hübschmann**

Dipl.-Chem. **Dr. Erwin Links**

in Mannheim

9. Auflage
überarbeitet von
Dipl.-Chem. **Dr. Erich Hitzel**
Landau/Pfalz

HANDWERK UND TECHNIK · HAMBURG

1 Chemische Elemente

1.1 Periodensystem der Elemente   Siehe Umschlagseite U 3

1.2 Tafel der Elemente

Zu den 7 Basisgrößen und -einheiten des Internationalen Systems (SI) gehören
Masse m: „1 kg ist die Masse des Internationalen Kilogrammprototyps."
Stoffmenge n: „1 mol ist die Stoffmenge eines Systems, das aus ebenso viel Einzelteilchen besteht, wie Atome in $\frac{12}{1000}$ Kilogramm des Kohlenstoffnuklids ^{12}C enthalten sind."
Damit gilt (seit 1973) gesetzlich für die Masse von Einzelteilchen – Atome, Ionen, Moleküle, Atomgruppen, Elektronen $\cdots$ – die Größe

Molare Masse $M = \dfrac{\textbf{Masse } m}{\textbf{Stoffmenge } n}$ in $\dfrac{\textbf{g}}{\textbf{mol}}$.[1]$)$

In der Stoffmenge 1 mol eines jeden Systems ist die Teilchenzahl N_A gleich:
$N_A \approx 6{,}02 \cdot 10^{23}$ – Avogadro-Konstante $\boxed{K\ 1}$ S. 14.

B e a c h t e stöchiometrische Zahlen, z. B. | 1 mol H_2, 2 mol H | 1 mol $MgCl_2$, 1 mol Mg^{2+}, 2 mol Cl^-, 2 mol e^- | $\cdots$!

Die vom massenvergleichenden Messverfahren her gebräuchliche Größe **Relative Atommasse A_r** – ohne Einheit, auch in der Einheit 1 u mit dem gleichen Betrag wie M – erübrigt sich.

*) Die mit dem Zeichen * versehenen Zahlenwerte sind in der letzten Stelle auf ± 3 genau, die übrigen Zahlenwerte auf ± 1.

a) Element mit nur einem stabilen Nuklid („Reinelement").

b) Element mit einem Nuklid der Häufigkeit zwischen 99% und 100%. Unterschiede in der Nuklidzusammensetzung haben auf den Zahlenwert der Atommasse wenig Einfluss.

c) Element, bei dem die Zuverlässigkeit des Zahlenwertes der Atommasse von der Art des Bestimmungsverfahrens abhängt.

d) Element, bei dem je nach Herkunft der Probe Unterschiede in der Nuklidzusammensetzung auftreten, so dass keine genauere Angabe gemacht werden kann.

e) Element, bei dem wesentliche Unterschiede gegenüber dem angegebeenen Zahlenwert in handelsüblichem Material auftreten können.

f) Element, bei dem einzelne Minerale bekannt sind, in denen es eine abweichende Nuklidzusammensetzung hat.

g) Molare Mase M des wichtigsten Nuklids.

Z: **Protonenzahl** = Ordnungszahl
ϑ_m: **Schmelztemperatur** in °C
ϑ_b: **Siedetemperatur** in °C $p = 1013{,}25$ hPa
ϱ: **Dichte** bei 20 °C (Raumtemperatur) in g/cm^3,
       • bei Gasen im Normzustand (Nz, $\vartheta = 0$ °C, $T_n = 273{,}15$ K
       $p = 1013{,}25$ hPa (mbar)) $1\ g/cm^3 = 1000$ g/L.
Radius in pm $(1\ pm = 10^{-12}$ m)

Wichtige Elementarteilchen

Teilchen	$M^2)$ in g/mol
Elektron e^-, β^-, Positron e^+, β^+ (Antiteilchen)	0,000549
Proton p, $^1_1$p Wasserstoffkern	1,007276
Neutron n, $^1_0$n	1,008665
α-Teilchen Heliumkern	4,001488

[1]) Werte-Angaben in diesem Tabellenbuch auf IUPAC-Empfehlungen 1985 bezogen   [2]) hier Ruhemasse

Element	Symbol	M g/mol	Z	ϑ_m °C	ϑ_b °C	ϱ g/cm³ ● g/L (Nz)	Radius Atom pm	Ionen pm
Actinium	Ac	(227)	89	(1050)			188	Ac^{3+} 118
Aluminium	Al	26,981539 [a]	13	660	2450	2,70	143	Al^{3+} 50
Amercium	Am	(243)	95			11,7	173	Am^{3+} 106, Am^{4+} 92
Antimon	Sb	121,75 *)	51	630,7	1380	6,69	145	Sb^{3-} 245, Sb^{5+} 65
Argon	Ar	39,948 [b, c, d, g]	18	−189,4	−185,8	● 1,7839	154	
Arsen	As	74,92159 [a]	33	613 subl.		5,72	125	As^{3-} 222, As^{5+} 47
Astat	At	209,9871 [g]	85	(302)				
Barium	Ba	137,327	56	725	1640	3,65	217	Ba^{2+} 135
Berkelium	Bk	(247)	97					
Beryllium	Be	9,012182 [a]	4	1278	2770	1,85	111	Be^{2+} 31
Bismut	Bi	208,98037 [a]	83	271,3	1560	9,80	155	Bi^{3+} 120, Bi^{5+} 74
früher Wismut								
Blei	Pb	207,2 [d, g]	82	327,4	1755	11,34	175	Pb^{2+} 120, Pb^{4+} 84
Bohrium	Bh	(262)	107	(2300)				
Bor	B	10,811 [c, d, e]	5	−7,2		2,46	80	B^{3+} 20
Brom	Br	79,904 [c]	35		58,8	3,14	114	Br^- 195
Cadmium	Cd	112,411	48	320,9	765	8,64	149	Cd^{2+} 97
Caesium	Cs	132,90543 [a]	55	28,4	690	1,90	266	Cs^+ 169
Calcium	Ca	40,078 [g]	20	839	1440	1,55	197	Ca^{2+} 99
Californium	Cf	(251)	98					
Cer	Ce	140,115	58	795	3468	6,77	181	Ce^{3+} 111, Ce^{4+} 101
Chlor	Cl	35,4527 [c]	17	−101,0	−34,7	● 3,214	99	Cl^- 181, Cl^{7+} 26
Chrom	Cr	51,9961 [c]	24	1875	2665	6,92	125	Cr^{3+} 69, Cr^{6+} 52
Cobalt	Co	58,93320 [a]	27	1495	(2900)	8,89	125	Co^{2+} 74, Co^{3+} 63
Curium	Cm	(247)	96					
Darmstadium	Ds	(282)	110					
Dubnium	Db	(262)	105					
Dysprosium	Dy	162,50 *)	66	1407	(2600)	8,54	180	Dy^{3+} 99
Einsteinium	Es	(252)	99					
Eisen	Fe	55,847 *)	26	1536	2730	7,86	124	Fe^{2+} 76, Fe^{3+} 64
Erbium	Er	167,26 *)	68	1497	(2900)	9,05	178	Er^{3+} 96
Europium	Eu	151,965	63	826	1439	5,26	199	Eu^{3+} 95
Fermium	Fm	(257)	100					
Fluor	F	18,9984032 [a]	9	−219,6	−188,2	● 1,696	71	F^- 136
Francium	Fr	(223)	87		(27)			Fr^+ 176
Gadolinium	Gd	157,25 *)	64	1312	(3000)	7,98	199	Gd^{2+} 112
Gallium	Ga	69,723	31	29,8	2237	5,91	122	Ga^{3+} 62
Germanium	Ge	72,61 *)	32	937	2830	5,32	123	Ge^{4+} 53
Gold	Au	196,96654 [a]	79	1063	2970	19,3	144	Au^+ 137
Hafnium	Hf	178,49 *)	72	2222	(5400)	13,1	156	Hf^{4+} 81
Hassium	Hs	(265)	108					
Helium	He	4,002602 [b, c]	2	−269,7	−268,9	● 0,1758	93	
Holmium	Ho	164,93032 [a]	67	1470	(2600)	8,78	179	Ho^{3+} 97
Indium	In	114,82	49	156	(2000)	7,31	163	In^{3+} 81
Iod	I	126,90447 [a]	53	113,7 subl.	183	4,94	133	I^- 216
Iridium	Ir	192,22 *)	77	2454	(5300)	22,5	136	Ir^{4+} 66

3

Element	Symbol	M g/mol	Z	ϑ_m °C	ϑ_b °C	ϱ g/cm³ • g/L (Nz)	Radius Atom pm	Ionen pm
Kalium	K	39,0983	19	63,7	760	0,85	227	K^+ 133
Kohlenstoff	C	12,001 [b, c]	6	Graphit 3727 subl.		Graphit 2,25 Diamant 3,51	77	[C^{4-} 260, C^{4+} 15]
Krypton	Kr	83,80 [e]	36	−157,3	−152	• 3,74	169	
Kupfer	Cu	63,546 [*, c, d]	29	1083	2595	8,93	128	Cu^+ 96, Cu^{2+} 69
Lanthan	La	138,9055 [*, b]	57	920	3470	6,17	187	La^{3+} 115
Lawrencium	Lr	(260)	103					
Lithium	Li	6,941 [*, c, d, e, g]	3	180,5	1372	0,53	152	Li^+ 60
Lutetium	Lu	174,967	71	1656	3327	9,84	175	Lu^{3+} 93
Magnesium	Mg	24,3050 [c, g]	12	648,8	1107	1,74	160	Mg^{2+} 65
Mangan	Mn	54,93805 [a]	25	1245	2152	7,43	137	Mn^{2+} 80, Mn^{7+} 46
Meitnerium	Mt	(266)	109					
Mendelevium	Md	(258)	101					
Molybdaen	Mo	95,94	42	2617	(5560)	10,28	136	Mo^{4+} 68, Mo^{6+} 62
Natrium	Na	22,989768 [a]	11	97,8	892	0,97	186	Na^+ 95
Neodym	Nd	144,24 [*]	60	1010	3127	7,0	182	Nd^{3+} 108
Neon	Ne	20,1797 [c, e]	10	−248,6	−246,0	• 0,8999	112	
Neptunium	Np	237,0482 [f]	93	640		19,5		
Nickel	Ni	58,69	28	1453	2730	8,90	125	Ni^{2+} 72, Ni^{3+} 62
Niob	Nb	92,90638 [a]	41	2468	(3300)	8,58	143	Nb^{5+} 70
Nobelium	No	(259)	102					
Osmium	Os	190,2 [g]	76	3045	(5500)	22,61	134	Os^{4+} 69
Palladium	Pd	106,42	46	1552	3980	12,0	138	Pd^{2+} 86
Phosphor	P	30,973762 [a]	15	weiß 44,2	weiß 280	weiß 1,82 rot 2,20 schwarz 2,70	110	P^{3-} 212, P^{5+} 34
Platin	Pt	195,08 [*]	78	1772	(4530)	21,45	139	Pt^{2+} 96
Plutonium	Pu	(244)	94	640	3235			
Polonium	Po	(209)	84	254		(9,2)	(176)	
Praseodym	Pr	140,90765 [a]	59	935	3127	6,48	182	Pr^{3+} 109, Pr^{4+} 92
Promethium	Pm	(145)	61	(1027)				
Protactinium	Pa	231,0359 [f]	91	1554		15,4		
Quecksilber	Hg	200,59 [*]	80	−38,4	356,6	13,5457 s. auch S. 38	150	Hg^{2+} 110
Radium	Ra	226,0254 [f, g]	88	(707)		5,5	220	Ra^{2+} 140
Radon	Rn	(222)	86	(−71)	(−61,8)	• (9,2)	220	
Rhenium	Re	186,207 [c]	75	3180	(5900)	21,0	137	
Rhodium	Rh	102,90550 [a]	45	1966	(4500)	12,4	135	Rh^{2+} 86
Roentgenium	Rg	(272)	111					
Rubidium	Rb	85,4678 [*, c]	37	38,9	688	1,53	248	Rb^+ 148
Ruthenium	Ru	101,07 [*]	44	2310	(4900)	12,45	133	Ru^{3+} 69, Ru^{4+} 67
Rutherfordium	Rf	(261)	104					

Element	Symbol	M g/mol	Z	ϑ_m °C	ϑ_b °C	ϱ g/cm³ • g/L (Nz)	Radius Atom pm	Ionen
Samarium	Sm	150,36 *)	62	1072	(1900)	7,54	181	Sm^{3+} 104
Sauerstoff	O	15,9994 *, b, c, d, g)	8	−218,8	−182,9	• 1,42895	74	O^{2-} 140
Scandium	Sc	44,955910 a)	21	1539	2730	3,0	161	Sc^{3+} 31
Schwefel	S	32,066 d)	16	119,0	444,6	rhombisch 2,07 monoklin 1,96	103	S^{2-} 184, S^{6+} 29
Seaborgium	Sg	(263)	106					
Selen	Se	78,96 *)	34	217	685	($\beta \approx 4,8$)	116	Se^{2+} 198
Silber	Ag	107,8682 c)	47	961,9	2210	10,5	145	Ag^+ 126
Silicium	Si	28,0855 *, d)	14	1410	2630	2,33	118	
Stickstoff	N	14,00674 b, c)	7	−210,0	−195,8	• 1,25046	73	N^{3+} 171, N^{5+} 11
Strontium	Sr	87,62 g)	38	768	1380	2,6	215	Sr^{2+} 113
Tantal	Ta	180,9479 b)	73	2996	5425	16,68	143	Ta^{5+} 73
Technetium	Tc	(99)	43	(2172)		11,5	135	
Tellur	Te	127,60 *)	52	449,5	989,8	6,24	143	Te^{2+} 221
Terbium	Tb	158,92534 a)	65	1360	(2800)	8,25	180	Tb^{3+} 100
Thallium	Tl	204,3833	81	303	1457	11,85	170	Tl^+ 140, Tl^{3+} 95
Thorium	Th	232,0381 f, g)	90	1750	3850	11,7	180	Th^{3+} 114, Th^{4+} 95
Thulium	Tm	168,93421 a)	69	1545	1727	9,33	177	Tm^{3+} 95
Titan	Ti	47,88 *)	22	1660	3260	4,51	145	Ti^{3+} 90, Ti^{4+} 68
Ununbium	Uub	(277)	112					
Unununium	Uuu	(272)	111					
Uran	U	238,0289 b, c, e, g)	92	1132	3818	18,97	138	U^{3+} 111, U^{4+} 97
Vanadium	V	50,9415 b, c)	23	1890	(3450)	6,09	131	V^{3+} 74, V^{5+} 59
Wasserstoff	H	1,00794 b, c, g)	1	−259,2	−252,7	• 0,08989	30	H^- 208, H^+ ¹)
Wolfram	W	183,85 *)	74	3410	5930	19,3	137	W^{4+} 68, W^{6+} 64
Xenon	Xe	131,29 *)	54	−111,9	−107,1	• 5,896	190	
Ytterbium	Yb	173,04 *)	70	824	1427	6,98	194	Yb^{2+} 113, Yb^{3+} 94
Yttrium	Y	88,90585 a)	39	1523	2927	4,47	178	Y^{3+} 93
Zink	Zn	65,39	30	419,5	906	7,14	133	Zn^{2+} 74
Zinn	Sn	118,710 *)	50	232,0	2270	7,29	141	Sn^{2+} 112, Sn^{4+} 71
Zirkonium	Zr	91,24	40	1852	3580	6,51	159	Zr^{4+} 80

¹) Ein Innenradius von H^+ kann nicht angegeben werden. In wässrigen Lösungen sind H^+-Ionen stets hydratisiert. H_3O^+ ... Entstehen bei thermischer Dissoziation H^+-Ionen, dann ist der Ionenquerschnitt und damit auch der Ionenradius eine Funktion der Temperatur. Der Querschnitt wächst oberhalb einer Schwellenenergie, durchläuft ein Maximum und fällt bei großen Translationsenergien wieder ab. (Nach: Bergmann/Schäfer, Lehrbuch der Experimentalphysik. Band IV/2, Berlin 1975).

1.3 Elektronenverteilung

Z: **Protonenzahl** = Ordnungszahl

▓▓▓ : Hinzukommendes Elektron. Beachte: Viele Abweichungen vom ‚System' mit Einfluss auf die Ionenbildung!

Elektronenverteilung z.B. $1s^2$: 1 Hauptquantenzahl = Bahn [*Periode*]
im Grundzustand s Nebenquantenzahl als Buchstabensymbol [*s, p, d, f*]
  2 Anzahl der Elektronen

z.B. [Ne] $3s^1$: Elektronenverteilung des Edelgases Neon, Ne, dazu 1 $3s$-Elektron

Vergleiche **Periodensystem der Elemente** Umschlagseite U 3

Z	Symbol	Elektronenverteilung		
1	H	$1s^1$		
2	He	$1s^2$		
3	Li	[He]	$2s^1$	
4	Be		$2s^2$	
5	B		$2s^2$	$2p^1$
6	C		$2s^2$	$2p^2$
7	N		$2s^2$	$2p^3$
8	O		$2s^2$	$2p^4$
9	F		$2s^2$	$2p^5$
10	Ne	[He]	$2s^2$	$2p^6$
11	Na	[Ne]	$3s^1$	
12	Mg		$3s^2$	
13	Al		$3s^2$	$3p^1$
14	Si		$3s^2$	$3p^2$
15	P		$3s^2$	$3p^3$
16	S		$3s^2$	$3p^4$
17	Cl		$3s^2$	$3p^5$
18	Ar	[Ne]	$3s^2$	$3p^6$
19	K	[Ar]		$4s^1$
20	Ca			$4s^2$
21	Sc		$3d^1$	$4s^2$
22	Ti		$3d^2$	$4s^2$
23	V		$3d^3$	$4s^2$
24	Cr		$3d^5$	$4s^1$
25	Mn		$3d^5$	$4s^2$
26	Fe		$3d^6$	$4s^2$
27	Co		$3d^7$	$4s^2$
28	Ni		$3d^8$	$4s^2$
29	Cu		$3d^{10}$	$4s^1$
30	Zn		$3d^{10}$	$4s^2$
31	Ga		$3d^{10}$	$4s^2$	$4p^1$
32	Ge		$3d^{10}$	$4s^2$	$4p^2$
33	As		$3d^{10}$	$4s^2$	$4p^3$
34	Sc		$3d^{10}$	$4s^2$	$4p^4$
35	Br		$3d^{10}$	$4s^2$	$4p^5$
36	Kr	[Ar]	$3d^{10}$	$4s^2$	$4p^6$
37	Rb	[Kr]		$5s^1$
38	Sr			$5s^2$
39	Y		$4d^1$	$5s^2$
40	Zr		$4d^2$	$5s^2$
41	Y		$4d^1$	$5s^2$
42	Y		$4d^1$	$5s^2$
43	Y	[Kr]	$4d^1$	$5s^2$

Z	Symbol	Elektronenverteilung			
44	Ru	[Kr]	$4d^7$	$5s^1$	
45	Rh		$4d^8$	$5s^1$	
46	Pd		$4d^{10}$	$5s^0$	
47	Ag		$4d^{10}$	$5s^1$	
48	Cd		$4d^{10}$	$5s^2$	
49	In		$4d^{10}$	$5s^2$	$5p^1$
50	Sn		$4d^{10}$	$5s^2$	$5p^2$
51	Sb		$4d^{10}$	$5s^2$	$5p^3$
52	Te		$4d^{10}$	$5s^2$	$5p^4$
53	I		$4d^{10}$	$5s^2$	$5p^5$
54	Xe	[Kr]	$4d^{10}$	$5s^2$	$5p^6$
55	Cs	[Xe]		$6s^1$	
56	Ba			$6s^2$	
57	La		$5d^1$	$6s^2$	
58	Ce		$4f^2$	$5d^0$	$6s^2$
59	Pr		$4f^3$	$5d^0$	$6s^2$
60	Nd		$4f^4$	$5d^0$	$6s^2$
61	Pm		$4f^5$	$5d^0$	$6s^2$
62	Sm		$4f^6$	$5d^0$	$6s^2$
63	Eu		$4f^7$	$5d^0$	$6s^2$
64	Gd		$4f^7$	$5d^1$	$6s^2$
65	Tb		$4f^9$	$5d^0$	$6s^2$
66	Dy		$4f^{10}$	$5d^0$	$6s^2$
67	Ho		$4f^{11}$	$5d^0$	$6s^2$
68	Er		$4f^{12}$	$5d^0$	$6s^2$
69	Tm		$4f^{13}$	$5d^0$	$6s^2$
70	Yb		$4f^{14}$	$5d^0$	$6s^2$
71	Lu		$4f^{14}$	$5d^1$	$6s^2$
72	Hf		$4f^{14}$	$5d^2$	$6s^2$
73	Ta		$4f^{14}$	$5d^3$	$6s^2$
74	W		$4f^{14}$	$5d^4$	$6s^2$
75	Re		$4f^{14}$	$5d^5$	$6s^2$
76	Os		$4f^{14}$	$5d^6$	$6s^2$
77	Ir		$4f^{14}$	$5d^7$	$6s^2$
78	Pt		$4f^{14}$	$5d^9$	$6s^1$
79	Au		$4f^{14}$	$5d^{10}$	$6s^1$
80	Hg		$4f^{14}$	$5d^{10}$	$6s^2$
81	Tl		$4f^{14}$	$5d^{10}$	$6s^2$ $6p^1$
82	Pb		$4f^{14}$	$5d^{10}$	$6s^2$ $6p^2$
83	Bi		$4f^{14}$	$5d^{10}$	$6s^2$ $6p^3$
84	Po		$4f^{14}$	$5d^{10}$	$6s^2$ $6p^4$
85	At		$4f^{14}$	$5d^{10}$	$6s^2$ $6p^5$
86	Rn	[Xe]	$4f^{14}$	$5d^{10}$	$6s^2$ $6p^6$

Z	Symbol	Elektronenverteilung		
87	Fr	[Rn]		$7s^1$
88	Ra			$7s^2$
89	Ac		$6d^1$	$7s^2$
90	Th	$5f^0$	$6d^2$	$7s^2$
91	Pa	$5f^2$	$6d^1$	$7s^2$
92	U	$5f^3$	$6d^1$	$7s^2$
93	Np	$5f^4$	$6d^1$	$7s^2$
94	Pu	$5f^6$	$6d^0$	$7s^2$
95	Am	$5f^7$	$6d^0$	$7s^2$
96	Cm	$5f^7$	$6d^1$	$7s^2$
97	Bk	$5f^9$	$6d^0$	$7s^2$
98	Cf	$5f^{10}$	$6d^0$	$7s^2$
99	Es	$5f^{11}$	$6d^0$	$7s^2$
100	Fm	$5f^{12}$	$6d^0$	$7s^2$
101	Md	$5f^{13}$	$6d^0$	$7s^2$
102	No	$5f^{14}$	$6d^0$	$7s^2$
103	Lr	[Rn] $5f^{14}$	$6d^1$	$7s^2$

Z	Symbol	Elektronenverteilung
104	Rf	[Rn]
105	Db	
106	Sg	
107	Bh	
108	Hs	$6d$
109	Mt	
110	Ds	
111	Rg	
112	☐	☐
113		
114		
115		$7p$
116		
117		
118		[Rn]

1.4 Elektronegativität

Nach L. Pauling „die Kraft eines im M o l e k ü l gebundenen Atoms, Elektronen des Moleküls a n s i c h zu binden." Fluor, F, gleich 4,00 ohne Einheit gesetzt.
Zum Vergleich sind Kräftev e r h ä l t n i s s e zu bilden.

Hauptgruppenelemente

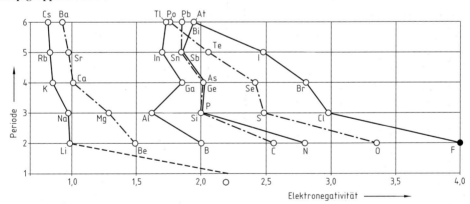

H	Li	Be	B	C	N	O	F
2,20	0,98	1,50	2,02	2,56	2,81	3,37	4,00
	Na	Mg	Al	Si	P	S	Cl
	0,96	1,29	1,63	2,02	2,02	2,48	2,98
	K	Ca	Ga	Ge	As	Se	Br
	0,84	1,02	1,86	2,02	2,04	2,42	2,82
	Rb	Sr	In	Sn	Sb	Te	I
	0,83	0,97	1,69	1,84	1,84	2,06	2,48
	Cs	Ba	Tl	Pb	Bi	Po	At
	0,82	0,93	1,74	1,94	1,85	1,76	1,95

Nebengruppenelemente

Ti	V	Cr	Mn	Fe	Co	Ni	Cu	Zn
1,32	1,45	1,56	1,60	1,64	1,70	1,75	1,75	1,66
Zr	Nb	Mo		Ru	Rh	Pd	Ag	Cd
1,22	1,23	1,30		1,42	1,45	1,35	1,42	1,46
Hf	Ta	W		Os	Ir	Pt	Au	Hg
1,23	1,33	1,40		1,52	1,55	1,44	1,42	1,44

1.5 Nuklide ausgewählter Elemente
Häufigste natürliche und wichtige künstliche Nuklide

I: **Element-Symbol**, Zahl darunter: **Anzahl** der **stabilen** Nuklide

II: **Nukleonenzahl** stabiler Nuklide [Anzahl Protonen + Neutronen, am Symbol über der Protonenzahl geschrieben, z. B. $^{107}_{47}Ag$, $^{2}_{1}H = D$] und
Natürliche Häufigkeit, w in %

III: *Nukleonenzahl strahlender Nuklide*, dazu
Halbwertzeit (Zeit, in der die Aktivität auf die Hälfte absinkt) in h (Stunde), d (Tag) oder a (Jahr)
Strahlung α (Heliumkerne), β^- (Elektronen), β^+ (Positronen-Antiteilchen), γ (kurzwellige elektromagnetische Strahlung, masselos), E (Elektroneneinfang Schale K, L)

I	II · III			I	II · III			I	II · III		
Ag	107	51,8%		**Cu**	63	69,2%		**S**	32	95,0%	
2	109	48,2%		2	64	*12,8 h*	β^-, β^+, E_K	4	34	4,2%	
	110	*253 d*	β^-, γ		65	30,8%			*35*	*88 d*	β^-
	111	*7,5 d*	β^-, γ	**Fe**	54	5,8%		**Sb**	121	57,3%	
As	75	100%		4	55	*2,6 a*	E_K	2	*122*	*2,18 d*	β^-, β^+, E_K
1	*76*	*26,7 d*	β^-, γ		56	91,7%			123	42,7%	
	77	*39 h*	β^-, γ		*59*	*45 d*	β^-		*124*	*60 d*	β^-, γ
Au	197	100%		**H**	1	99,985%			*125*	*2,7 a*	β^-, γ
1	*198*	*2,69 d*	β^-, γ	2	2	0,015% Deuterium D		**Se**	75	*120,4 d*	γ, E_K
Ba	*131*	*12 h*	E_K		*3*	*12,26 a Tritium T* β^-		5	78	23,6%	
7	133	*7,2 a*	β^-, γ, E_K	**I**	127	100%			80	49,7%	
	137	11,2%		1	*129*	*1,6·10⁷ a*	β^-, γ		*82**	*9,2% 35 a*	
	138	71,2%			*131*	*8,05 d*	β^-, γ	**Sn**	*113*	*115 d*	$\gamma, E_{K,L}$
Br	79	50,7%		**K**	39	93,3%		10	116	14,5%	
2	81	49,3%		2	*40**	*0,001% 1,9·10⁹ a*			118	24,2%	
	82	*36 h*	β^-, γ			$\beta^-, \beta^+, \gamma, E_K$			120	32,6%	
C	12	98,9%			41	6,7%		**Sr**	85	*64 d*	E_K
2	13	1,1%		**Na**	22	*2,602 a*	β^+, E_K	4	86	9,9%	
	14	*5730 a*	β^-	1	23	100%			88	82,6%	
Ca	40	96,9%			24	*15,0 h*	β^-, γ		*89*	*52 d*	β^-, γ
6	44	2,1%		**O**	16	99,76%	*keine*		*90*	*28,1 a*	β^-
	45	*165 d*	β^-	3	17	0,04%	*aktiven*	**U**	*234**	*0,005%*	
	47	*4,5 d*	β^-, γ		18	9,20%	*Nuklide*	0		*2,47·10⁵ a*	α, γ
Cl	35	75,8%		**P**	31	100%			*235**	*0,72%*	*spaltbar*
2	*36*	*3·10⁵ a*	β^-, β^+	1	*32*	*14,3 d*	β^-			*7,0·10⁸ a*	α, γ
	37	24,2%		**Pb**	202	*10⁵ a*	E_L		*238**	*99,275%*	
Co	*58*	*71 d*	β^+, γ, E_K	4	208	52,4%				*4,5·10⁹ a*	α, γ
1	59	100%			*210*	*21 a*	β^-, γ	**Zn**	64	48,6%	
	60	*5,27 a*	β^-, γ	**Po**	*209**	*103 a*	α, E_K	5	65	*243,6 d*	β^+, γ, E_K
Cs	133	100%		0	*210**	*138,4 d*	α, γ		66	27,9%	
1	*134*	*2,0 a*	β^-, γ		*5 weitere Nuklide*						
	135	*3·10⁶ a*	β^-	**Ra**	*226**	*1600 a*	α, γ	* Natürlich vorkommenden radioak-			
	137	*30,2 a*	β^-, γ	0	*3 weitere Nuklide*			tives Nuklid			

1.6 Häufigkeit

Massenanteil w der häufigsten, l von ausgewählten Elementen l und des seltensten Elementes. In der Erdkruste bis 16 km Tiefe, in den Weltmeeren und in der Atmosphäre.

Element:	O	Si	Al	Fe	Ca	K	Mg	H	Ti	Cl	C·Mn·P	S
w in %:	49,4	25,8	7,57	4,7	3,39	2,4	1,94	0,88	0,41	0,19	0,009	0,05

Ba·F·N·Rb	Cu·Ni·Zn	Sn	U	As·Br·Gd	Ag·Eu	I	Au·Pt	At
0,003	0,01	$3·10^{-3}$	$3·10^{-4}$	$6·10^{-4}$	10^{-5}	$6·10^{-6}$	$5·10^{-7}$	10^{-24}

2 Größen und Einheiten in Chemie und Physik

2.1 Größen, Größenzeichen, Einheiten und Einheitenzeichen

* 1 steht für das Verhältnis zweier gleicher Einheiten, ** letzte Ziffer fett: genauer Zahlenwert (DIN 1333,
$[G]$ bedeutet: Einheit der Größe G, $|G|$ bedeutet: Betrag der Größe G Blatt 1)
Beispiel: Für $c = 2{,}5$ mol/L gilt: $[c] =$ mol/L, $|c| = 2{,}5$

Bemerkungen: Die in dieser Rubrik in Kästchen aufgeführten Nummern, z.B. $\boxed{\text{K 2}}$ oder $\boxed{34}$, sind die
laufenden Nummern der zugehörenden Zahlenwerte oder Formeln in den Tabellen auf der
angegebenen Seite.
Veraltete Einheiten dürfen laut Gesetz nicht mehr verwendet werden.
Im vorliegenden Buch werden der Kürze halber Einheiten mit ihren Einheitenzeichen gleichgesetzt.
Beispiel: $1\,\text{S} \cdot 1\,\text{cm}^2 \cdot 1\,\text{mol}^{-1}$ gleichgesetzt mit $\text{S} \cdot \text{cm}^2 \cdot \text{mol}^{-1}$

Größe	Formel-zeichen	Einheiten(-zeichen) (Auswahl)	Bemerkungen Wert, Formel
Absorptionsgrad	α	1*	auch spektraler Reinabsorptions-grad
Aktivität, Aktivitätskoeffizient	a f_a	Gehaltsgröße Dezimalteil von 1	$a = f_a \times$ Gehalt
Äquivalentkonzentration	$C(\text{eq})$	$\text{mol} \cdot \text{L}^{-1}$	veraltet: Normalität z.B. $C(\frac{1}{2}\,H_2SO_4)$
Äquivalentmasse	–	$\dfrac{\text{molare Masse } M}{\text{Ladungszahl } z}$	veraltet: Grammäquivalent Ausgleichswert; gleichwertig Vor Einführung der SI-Einheiten selbstständige Größe 1 val
Arbeit = Energie *s. auch dort*	W	Newtonmeter (Nm) Wattsekunde (Ws)	$1\,\text{Nm} = 1\,\text{kg} \cdot \text{m}^2 \cdot \text{s}^{-2}$ $1\,\text{Nm} = 1\,\text{J} = 1\,\text{Ws}$ $\boxed{9} \cdots \boxed{11}, \boxed{43}$
Atommasse, relative	A_r	1*, auch u $1\,\text{u} = 1{,}6606 \cdot 10^{-24}\,\text{g}$	Veraltet wie auch „Atom-gewicht"
Ausdehnungskoeffizient (bei Belastung)	ε, e	m/m, 1*	$\varepsilon = \Delta l / l_0$
Ausdehnungskoeffizient (Wärme) Länge: Volumen:	α γ	K^{-1} K^{-1}	$\boxed{15}$ $\boxed{\text{K 2}}\ \boxed{16}$
Avogadro-Konstante (molare Teilchenanzahl)	N_A	mol^{-1}	$\boxed{\text{K 1}}$ Veraltet Loschmidt-Zahl
Beleuchtungsstärke	E	Lux (lx)	$1\,\text{lx} = 1\,\text{lm/m}^2$
Beschleunigung	a, g	$\text{m} \cdot \text{s}^{-2}$	g: s. Fallbeschleunigung
Boltzmann-Konstante	k	$\text{J} \cdot \text{K}^{-1}$	$k = R \cdot N_A^{-1}$ $= 1{,}38066 \cdot 10^{-23}\,\text{J} \cdot \text{K}^{-1}$
Brechzahl	n	1*	$\boxed{135}$
Brennwert, spezifischer molarer volumenbezogener	H_o $H_{o,\,m}$ $H_{o,\,n}$	kJ/kg kJ/mol kJ/m³	Einschließlich der Kondensa-tionswärme des Wasserdampfes. Vgl. Heizwert Index n wie auch Normvolumen
Dichte	ϱ	$\dfrac{\text{kg}}{\text{m}^3}, \dfrac{\text{kg}}{\text{dm}^3}, \dfrac{\text{g}}{\text{cm}^3} = \dfrac{\text{g}}{\text{mL}}$	$\boxed{5}$

Größe	Formel-zeichen	Einheiten(-zeichen) (Auswahl)	Bemerkungen Wert, Formel
Dipolmoment, elektrisches	p, p_e	$\mathrm{C} \cdot \mathrm{m}$	p = el. Ladung × Abstand
Drehwinkel, optischer Drehung, spezifischer	α $[\alpha]$	Grad $\mathrm{Grad} \cdot \mathrm{dm}^{-1} \cdot \mathrm{g}^{-1} \cdot \mathrm{mL}$	
Drehmoment	M	Nm, J	$M = F \cdot s$
Druck	p	Pascal (Pa), hPa bar, mbar	$10^5\,\mathrm{Pa} = 1\,\mathrm{bar}$ 7 Luftdruck in hPa $1\,\mathrm{hPa} \equiv 1\,\mathrm{mbar}$
Durchmesser	d	m, cm, nm	
Elastizitätsmodul	E	$\mathrm{N} \cdot \mathrm{m}^{-2}$	$E = \dfrac{\text{Spannung } \sigma}{\text{Dehnung } \varepsilon}$
Elektrizitätsmenge	Q	Coulomb (C)	$1\,\mathrm{C} = 1\,\mathrm{A} \cdot \mathrm{s}$ 37
Elementarladung	e	C, $\mathrm{A} \cdot \mathrm{s}$	K 5
Energie, potentielle kinetische	W, W_pot W_kin	Nm, J, Ws	$1\,\mathrm{Nm} = 1\,\mathrm{J} = 1\,\mathrm{Ws}$, vgl. 9 … 11 , 43
Enthalpie	H	J	vgl. 27
Entropie	S	$\mathrm{J} \cdot \mathrm{K}^{-1}$	$\Delta S = \dfrac{\Delta Q}{\Delta T}$
Extinktion	E	1*	125
Extinktionskoeffizient molarer spezifischer maximaler	ε ε_sp	$\mathrm{cm}^{-1} \cdot \mathrm{L} \cdot \mathrm{mol}^{-1}$ $\mathrm{cm}^{-1} \cdot \mathrm{L} \cdot \mathrm{g}^{-1}$	ε_max bezieht sich auf die Wellen-länge maximaler Extinktion
Fallbeschleunigung	g	$\mathrm{m} \cdot \mathrm{s}^{-2}$	K 8 , 3/4
Faraday-Konstante (molare Ladung)	F	$\mathrm{C} \cdot \mathrm{mol}^{-1}$	K 6
Feldstärke, elektrische magnetische	E H	$\mathrm{V} \cdot \mathrm{m}^{-1}$ $\mathrm{A} \cdot \mathrm{m}^{-1}$	
Fläche	A	m^2	
Frequenz	f, υ	Hz, s^{-1}	$1\,\mathrm{Hz} = 1\,\mathrm{s}^{-1}$
Gaskonstante, molare	R	$\mathrm{J} \cdot \mathrm{K}^{-1} \cdot \mathrm{mol}^{-1}$ $\mathrm{L} \cdot \mathrm{bar} \cdot \mathrm{K}^{-1} \cdot \mathrm{mol}^{-1}$	K 4
Gefriertemperatur Schmelztemperatur	ϑ_m	°C, K	ϑ_m: (engl.) melting temperature Auch Gefrierpunkt
Gefriertemperatur-erniedrigung, molale	K_m	$\mathrm{K} \cdot \mathrm{mol}^{-1} \cdot \mathrm{kg}$	61 , 62 Auch Gefrierpunktserniedrigung
Geschwindigkeit	υ, c	$\mathrm{m} \cdot \mathrm{s}^{-1}$, $\mathrm{km} \cdot \mathrm{h}^{-1}$	1
Gewichtskraft	G, F_G	Newton (N)	

Größe	Formel-zeichen	Einheiten(-zeichen) (Auswahl)	Bemerkungen Wert, Formel
Gleichgewichtskonstante	K	z. B. für K_c: $(mol \cdot L^{-1})^n$	auch: K_p, K_n [103]
Heizwert spezifischer molarer volumenbezogener	H_u $H_{u,\,m}$ $H_{u,\,n}$	kJ/kg kJ/mol kJ/m³	Ohne Kondensationswärme des Wasserdampfes Vgl. Brennwert Index n: Normvolumen
Impuls	p	N · s	$F \cdot t = m \cdot v$
Innere Energie	U	J	
Kapazität, elektrische	C	Farad (F)	$1\,F = 1\,C/V$
Kraft	F	Newton (N)	$1\,N = 1\,kg \cdot m \cdot s^{-2}$ [6]
Ladung, elektrische		siehe Elektrizitätsmenge	
Ladungszahl, Valenz (Ionen)	z		Anzahl der bei Ionenbildung je Molekül ausgetauschten e^- Vgl. Oxidationszahl
Länge (Basisgröße)	l, h, s, d	m	$1\,m = 10^6\,\mu m = 10^9\,nm$
Leitwert, elektrischer	G	Siemens (S)	$1\,S = 1/\Omega$ [118]
Leistung	P	$\dfrac{N \cdot m}{s}$, Watt (W)	$1\,N \cdot m \cdot s^{-1} = 1\,W$ [12] $1\,W = 1\,J \cdot s^{-1}$ [42]
Lichtgeschwindigkeit	c	km · s⁻¹	[K 11]
Lichtstärke (Basisgröße)	I	Candela (cd)	Die Candela ist die Lichtstärke in einer bestimmten Richtung einer Strahlungsquelle, die monochromatische Strahlung der Frequenz $540 \cdot 10^{12}$ Hz aussendet und deren Strahlstärke in dieser Richtung (1/683) Watt pro Raumwinkel beträgt.
Löslichkeit	L^*	siehe [78]	auf 100 g Lösungsmittel bezogen s. S. 52
Löslichkeitsprodukt	K_L	$(mol \cdot L^{-1})^n$	s. S. 62
Loschmidt-Konstante (Molekülanzahl/Volumen)	N_L	m⁻³	Im Nz enthält ideales Gas $2,6868 \cdot 10^{25}$ Moleküle/m³ [K 7] Ursprünglich Avogadro-Satz
Luftdruck	p	hPa (seit 1984 statt mbar)	$1\,hPa \equiv 1\,mbar$
Masse (Basisgröße)	m	kg	$1000\,kg = 1\,t$ (Tonne)
Massenanteil	w	1^*, g · g⁻¹	Veraltet „Massenprozent" [72]

Größe	Formel-zeichen	Einheiten(-zeichen) (Auswahl)	Bemerkungen Wert, Formel
Massenkonzentration	β	$kg \cdot m^{-3}$, $g \cdot L^{-1}$	Auch „Partialdichte" [71]
Molalität	b	$mol \cdot kg^{-1}$	[77] mol/kg Lösemittel
Molare Masse (stoff-mengenbezogene Masse)	M	$kg \cdot mol^{-1}$, $g \cdot mol^{-1}$	$\frac{kg}{mol}$
Molares Volumen	V_m	$L \cdot mol^{-1}$	[K 3]
Molarität		siehe Stoffmengenkonzentration	
Molekülmasse, relative	M_r	1^*	$M_r(X)$ und $M(X)$: gleicher Zahlenwert
Normalität		veraltete Bezeichnung für Äquivalentkonzentration	
Nukleonenzahl	A		Veraltet: „Massenzahl"
Oberflächenspannung	σ, γ	$N \cdot cm^{-1}$	$10^{-5} N \cdot cm^{-1} = 1 dyn \cdot cm^{-1}$ 1 dyn veraltete Einheit
Osmotischer Druck	Π	Pa, bar, hPa (mbar)	[51]
Oxidationszahl	z	1	F o r m a l e Ladungszahl eines Atoms im ET s. Lehrbuch, vgl. Ladungszahl
Partialdruck (Teildruck)	p	Pa, bar	[52]
Potential, elektrisches Elektrodenpotential	U, E	Volt (V)	[126]
Protonenzahl	Z		Auch: „Ordnungszahl" Elemente
Querschnittfläche	A	m^2, cm^2, mm^2	
Radius	r	m, cm, pm	$1 m = 10^{12} pm$
Schmelztemperatur, Gefriertemperatur	$\vartheta_m; T_m$	°C, K	ϑ_m: (engl.) melting temperature
Schmelzwärme, spezifische	q	$J \cdot g^{-1}$, $kJ \cdot kg^{-1}$	[K 13], [55]
Siedetemperatur, Kondensationstemperatur	$\vartheta_b; T_b$	°C, K	ϑ_b: (engl.) boiling temperature
Siedetemperaturerhöhung, molale	K_b	$K \cdot mol^{-1} \cdot kg$	[61], [62] Auch Siedepunktserhöhung
Spannung, mechanische elektrische	σ U, E	$N \cdot mm^{-2}$ Volt (V)	[28]

Spezifische Größe: art- oder massebezogen | *Molare Größe: stoffmengenbezogen*

Größe	Formel-zeichen	Einheiten(-zeichen) (Auswahl)	Bemerkungen Wert, Formel
Stoffmenge (Basisgröße)	n	mol	Veraltet: „Molzahl"
Stoffmengenanteil	x, χ	$\dfrac{\text{mol}}{\text{mol}}$, 1^*	Veraltet: „Molenbruch" [78]
Stoffmengenkonzentration, Molariät	c	$\text{mol} \cdot \text{L}^{-1}$, $\text{mol} \cdot \text{m}^{-3}$	[74] $1\,m^3 = 1000\,L$
Strahlungsleistung	Φ	Watt (W)	auch Strahlungsfluss
Stromdichte	J	$\text{A} \cdot \text{m}^{-2}$	
Stromstärke (Basisgröße)	I	Ampere (A)	[28]
Teilchenanzahl (von Atomen, Molekülen, …)	N		
Titer	t	1^*	[93]
Temperatur (Basisgröße) Temperaturdifferenz	T, ϑ, Θ $\Delta T, \Delta\vartheta$	Kelvin (K), °C nur K	[14]
Transmissionsgrad	τ	1^*	[132] auch spektraler Reintransmissionsgrad
Verdampfungswärme, spezifische	r	$\text{J} \cdot \text{kg}^{-1}$, $\text{J} \cdot \text{g}^{-1}$	K 14, [57]
Viskosität, dynamische kinematische	η v	$\text{Pa} \cdot \text{s} = \text{N} \cdot \text{s} \cdot \text{m}^{-2}$ $\text{m}^2 \cdot \text{s}^{-1}$	Veraltete Einheit c Poise 1 c Poise = 1 mPa·s [58] Veraltete Einheit Stokes 1 Stokes $= 10^{-4} \cdot \text{m}^2 \cdot \text{s}^{-1}$ [59]
Volumen	V	m^3, dm^3, L, mL	$1\,\text{dm}^3 = 1\,\text{L}$, $1\,\text{cm}^3 = 1\,\text{mL}$
Volumenanteil	φ	1^*, L/L	Veraltet „Volumenbruch" [75]
Volumenausdehnungs-koeffizient	γ	K^{-1}	in [16], [17]
Volumenkonzentration	σ	1^*, L/L	[74]
Wärmemenge	Q	Joule (J)	Veraltete Einheit Kalorie 1 cal = 4,1868 J
Wärmekapazität, molare spezifische	C c_m c	$\text{J} \cdot \text{K}^{-1}$ $\text{J} \cdot \text{mol}^{-1} \cdot \text{K}^{-1}$ $\text{J} \cdot \text{g}^{-1} \cdot \text{K}^{-1}$	[18] [20] K 15, [19]
Wellenlänge	λ	m, cm, mm, nm	Veraltete Einheit (Ångstrøm) $1\,\text{Å} = 10^{-10}\,\text{m} = 0,1\,\text{nm}$
Wellenzahl	$\tilde{v}$	cm^{-1}	
Widerstand, elektrischer spezifischer	R ϱ	Ohm (Ω) $\dfrac{\Omega \cdot \text{mm}^2}{\text{m}} = \mu\Omega \cdot \text{m}$	[29] in [29]
Winkel, ebener	α, β, γ	Radiant (rad) Grad (°)	$360° = 2 \cdot \pi \cdot \text{rad}$ $1\,\text{rad} = 1\,\text{m} \cdot \text{m}^{-1}$
Wirkungsgrad	η	1^*	[13]
Zeit (Basisgröße) Periodendauer	t T	Sekunde (s) Sekunde (s)	60 s = 1 min, 60 min = 1 h 24 h = 1 d

2.2 Konstanten

Beim Rechnen genügt oft statt des genauen ein gerundeter Betrag.

Konstante			Gerundeter Betrag
K 1	Avogadro-Konstante (Molare Teilchenanzahl)	$N_A = 6{,}0221367 \cdot 10^{23}\ \text{mol}^{-1}$	$6{,}022 \cdot 10^{23}$
K 2	Volumenausdehnungskoeffizient der Gase bei 0 °C	$\gamma = 1/273{,}15\ \text{K}^{-1}$	$1/273$
K 3	Molares Volumen des Idealen Gases	$V_{m,n} = 22{,}41384\ \text{L} \cdot \text{mol}^{-1}$	$22{,}41^{1)}$
K 4	Molare Gaskonstante des Idealen Gases	$R = 8{,}3144\ \text{J} \cdot \text{K}^{-1} \cdot \text{mol}^{-1}$ $R = 0{,}083144\ \text{L} \cdot \text{bar} \cdot \text{K}^{-1} \cdot \text{mol}^{-1}$	$8{,}3$ $0{,}083$
K 5	Elementarladung	$e = 1{,}6021892 \cdot 10^{-19}\ \text{C}$	$1{,}6 \cdot 10^{-19}$
K 6	Faraday-Konstante (Molare Ladung)	$F = 96484{,}56\ \text{C} \cdot \text{mol}^{-1}\ (\text{A} \cdot \text{s})$	$96\,500$
K 7	Loschmidt-Konstante (Gas) (Teilchenanzahl N_A/Volumen $V_{m,n}$)	Für ideales Gas $N_L = 2{,}6868 \cdot 10^{25}\ \text{m}^3\ \text{Nz}$	$2{,}7 \cdot 10^{25}$
K 8	Norm-Fallbeschleunigung	$g = 9{,}80655\ \text{m} \cdot \text{s}^{-2}$ s. ☐ 3	$9{,}81$
K 9	Normdruck	$p_n = 1013{,}25\ \text{hPa}^{2)}$	1013
K 10	Normtemperatur	$T_n = 273{,}15\ \text{K}$	273
K 11	Lichtgeschwindigkeit im Vakuum	$c = 299\,792{,}458\ \text{km} \cdot \text{s}^{-1}$	$3{,}00 \cdot 10^5$
K 12	W a s s e r : Ionenprodukt	$K_w\ (22\,°\text{C}) = 1{,}0 \cdot 10^{-14}\ (\text{mol/L})^2$	
K 13	Spezifische Schmelzwärme	$q\,(H_2O) = 334{,}94\ \text{kJ} \cdot \text{kg}^{-1}$	335
K 14	Spezifische Verdampfungswärme	$r\,(H_2O) = 2256{,}7\ \text{kJ} \cdot \text{kg}^{-1}$	2257
K 15	Spezifische Wärmekapazität	$c\,(H_2O) = 4{,}1868\ \text{J} \cdot \text{g}^{-1} \cdot \text{K}^{-1}\ ^{3)}$	$4{,}187$
K 16	Planck'sches Wirkungsquantum	$h = 6{,}62618 \cdot 10^{-34}\ \text{J} \cdot \text{s}$	$6{,}63 \cdot 10^{-34}\ \text{J} \cdot \text{s}$
K 17	Elektronenmasse	$m_e = 9{,}1095 \cdot 10^{-28}\ \text{g}$	
K 18	Neutronenmasse	$m_n = 1{,}6749 \cdot 10^{-24}\ \text{g}$	
K 19	Protonenmasse	$m_p = 1{,}6726 \cdot 10^{-24}\ \text{g}$	

[1]) Bei Rechnungen mit **realen Gasen** kann oft der gerundete Wert 22,41 L/mol mit noch genügender Genauigkeit angesetzt werden. Für genaue Berechnungen sind Molare Volumina von Gasen unter 6.6 auf S. 40, 41 angeführt.
[2]) 1 hPa ≡ 1 mbar   [3]) 14,5 ↔ 15,5 °C

2.3 Dezimale Vielfache und Teile von Einheiten (DIN 1301)

Dezimale Vielfache und Teile werden durch Vorsätze vor den Namen der Einheiten bezeichnet, bzw. durch Vorsatzzeichen vor dem Einheitenzeichen.

Faktor	Vorsatz	Vorsatzzeichen
10^1	Deka	da
10^2	Hekto	h
10^3	Kilo	k
10^6	Mega	M
10^9	Giga	G
10^{12}	Tera	T
10^{15}	Peta	P
10^{18}	Exa	E

Faktor	Vorsatz	Vorsatzzeichen
10^{-1}	Dezi	d
10^{-2}	Zenti	c
10^{-3}	Milli	m
10^{-6}	Mikro	μ
10^{-9}	Nano	n
10^{-12}	Piko	p
10^{-15}	Femto	f
10^{-18}	Atto	a

Beispiele: $3225\ \text{g} = 3{,}225 \cdot 10^3\ \text{g} = 3{,}225\ \text{kg}$ $0{,}00145\ \text{g} = 1{,}45 \cdot 10^{-3}\ \text{g} = 1{,}45\ \text{mg}$

2.4 Umrechnen SI-Einheiten ⇔ veraltete Einheiten

SI-Einheiten sind fett gedruckt. Veraltete Einheiten dürfen laut Gesetz nicht mehr verwendet werden.

$1\,\mathbf{N} = 0{,}10197\ \text{kp}$	$1\ \text{kp} = 9{,}80655\ \mathbf{N}$	**Kraft**

Druck	Pa	mbar	hPa	Torr (mm Hg-Säule)	kp/cm² (at)	bar	atm
1 Pa =	1	10^{-2}		$7{,}5006 \cdot 10^{-3}$	$1{,}0197 \cdot 10^{-5}$	10^{-5}	$9{,}8692 \cdot 10^{-6}$
1 mbar =	100	1		0,75006	$1{,}0197 \cdot 10^{-3}$	10^{-3}	$9{,}8692 \cdot 10^{-4}$
1 Torr =	133,32	1,3332		1	$1{,}3595 \cdot 10^{-3}$	$1{,}3332 \cdot 10^{-3}$	$1{,}3158 \cdot 10^{-3}$
1 at =	$9{,}80655 \cdot 10^{4}$	980,655		735,56	1	0,980655	0,96784
1 bar =	10^{5}	10^{3}		750,06	1,0197	1	0,98692
1 atm =	$1{,}01325 \cdot 10^{5}$	1013,25		760	1,0332	1,01325	1

(Vertikal in der mbar|hPa-Spalte: Nur Luftdruck in hPa; vertikal in der Torr-Spalte: 9,81 mm H₂O-Säule ≙ mm H₂O-Säule)

Energie – Arbeit – Wärme	J (Ws, Nm)	kpm	kJ	kcal	kWh
1 W (Ws, Nm) =	1	0,10197	10^{-3}	$2{,}38844 \cdot 10^{-4}$	$2{,}7775 \cdot 10^{-7}$
1 kpm =	9,80655	1	$9{,}80655 \cdot 10^{-3}$	$2{,}3423 \cdot 10^{-3}$	$2{,}7240 \cdot 10^{-6}$
1 kJ =	10^{3}	$1{,}0197 \cdot 10^{2}$	1	0,238845	$2{,}7775 \cdot 10^{-4}$
1 kcal =	$4{,}1868 \cdot 10^{3}$	426,94	4,1868	1	$1{,}1630 \cdot 10^{-3}$
1 kWh =	$3{,}6000 \cdot 10^{6}$	$3{,}6710 \cdot 10^{5}$	$3{,}6000 \cdot 10^{3}$	859,84	1

Leistung	W (J/s)	cal/s	kpm/s	PS	kW
1 W =	1	0,2388	0,10197	$1{,}3596 \cdot 10^{-3}$	10^{-3}
1 cal/s =	4,1868	1	0,42694	$5{,}6926 \cdot 10^{-3}$	$4{,}1868 \cdot 10^{-3}$
1 kpm/s =	9,80655	2,3422	1	0,013333	$9{,}80655 \cdot 10^{-3}$
1 PS =	735,50	175,67	75	1	0,7355
1 kW =	10^{3}	238,8	101,97	1,3596	1

2.5 Umrechnen und Korrigieren von Messwerten

Gasreduktion

Gemessene Gasvolumina V_* sind in das Normvolumen V_n umzurechnen. $\boxed{\text{K 9}}$, $\boxed{\text{K 10}}$

Kurzform:

$$\boxed{V_n} = V_* \cdot \frac{p_*}{(\vartheta_* + 273{,}15)} \cdot 0{,}2696$$

Index$_*$: Bei Arbeitsbedingungen
Bei feuchten Gasen ist von p_* der Dampfdruck des Wassers zu subtrahieren

Barometerkorrektur

Als Vergleichsmöglichkeit werden an einem Quecksilberbarometer abgelesene Höhen h_* ($\hat{=}$ Drücke) auf 0 °C umgerechnet.

$$\boxed{h_0} = \frac{h_*}{1 + (0{,}00018 \cdot \Delta\vartheta)} \quad \text{mm Hg-Säule} \ (= Torr)$$

$$\boxed{\text{Luftdruck } p_0} = h_0 \cdot 1{,}3332 \quad \text{hPa}$$

$\Delta\vartheta$: Differenz zwischen Raumtemperatur und 0 °C
$\gamma\,(\text{Hg}) = 182 \cdot 10^{-6}\,\text{K}^{-1}$

Fadenkorrektur bei Quecksilberthermometern

Ist die Temperatur außerhalb einer Apparatur niedriger als im Inneren (*Heizen*), dehnt sich der herausragende Hg-Faden weniger stark aus als der innere. Die Anzeige δ_* ist um einen Korrekturwert Δ_{Korr} zu niedrig.

$$\boxed{\Delta_{Korr}} = n \cdot (\vartheta_* - \vartheta_a) \cdot 0{,}00016$$

$$\boxed{\vartheta} = \vartheta_* \pm \Delta_{Korr} \quad (Kühlen\ -)$$

n: Anzahl Grade herausragender Hg-Faden
δ_a: Außentemperatur (in der Mitte des herausragenden Fadens)
Der Faktor 0,00016 gilt fü γ (Hg/Glas)

3 Größengleichungen in Chemie, Physik und Analytik

Größengleichung = Formel

	Größe, Gesetz	Größengleichung, Hinweise	Bemerkungen, Beispiele

3.1 Mechanik und Technik

	Größe, Gesetz	Größengleichung, Hinweise	Bemerkungen, Beispiele
1	Geschwindigkeit	$v = \dfrac{s}{t}$	$\dfrac{\text{Länge } (Weg)}{\text{Zeit}}$; $\dfrac{\text{m}}{\text{s}}$, $\dfrac{\text{km}}{\text{h}}$ Gilt nur für gleichförmige Geschwindigkeit
2	Beschleunigung	$a = \dfrac{\Delta v}{\Delta t} = \dfrac{2\,s}{t^2}$	Einheit $\dfrac{\text{m}}{\text{s}^2}$
3	Freier Fall	$s = \dfrac{1}{2}\,g \cdot t^2$	g: Norm-Fallbeschleunigung
4		$v = g \cdot t = \sqrt{2 \cdot g \cdot s}$	$\boxed{\text{K 8}}$ S. 14, in Meereshöhe am Äquator, NormNull
5	Dichte	$\varrho = \dfrac{m}{V}$	$\dfrac{\text{Masse}}{\text{Volumen}}$; $\dfrac{\text{g}}{\text{mL}} = \dfrac{\text{g}}{\text{cm}^3}$; $\dfrac{\text{g}}{\text{L}}$ Gase $\dfrac{\text{kg}}{\text{m}^3}$ ϱ ist temperaturabhängig
6	Kraft	$F = m \cdot a$	Masse × Beschleunigung; N Gesetz von Newton
	Auftriebskraft beim Schwimmkörper	$F_A = m \cdot g$ $= V \cdot \varrho \cdot g$	m, V, ϱ der verdrängten Flüssigkeit Gesetz von Archimedes
7	Druck	$p = \dfrac{F}{A}$	Einheiten Pa, bar, mbar Nur Luftdruck in hPa
8	Hydrostatischer Druck	$p = h \cdot \varrho \cdot g$	A: Fläche h: Höhe
9	Arbeit	$W = F \cdot s = P \cdot t$	Elektrische Arbeit s. $\boxed{43}$
10	Hubarbeit	$W_{\text{pot}} = m \cdot g \cdot h$	Potentielle Energie
11	Beschleunigungsarbeit	$W_{\text{kin}} = \dfrac{1}{2} \cdot m \cdot v^2$	Kinetische Energie
12	Leistung	$P = \dfrac{W}{t} = \dfrac{F \cdot s}{t} = F \cdot v$	Elektrische Leistung s. $\boxed{42}$
13	Wirkungsgrad	$\eta = \dfrac{\text{Nutzarbeit}}{\text{Zugeführte Arbeit}} = \dfrac{W_{\text{ab}}}{W_{\text{zu}}}$ $= \dfrac{\text{Nutzleistung}}{\text{Zugeführte Leistung}}$; %	

3.2 Wärmelehre

	Größe, Gesetz	Größengleichung, Hinweise		Bemerkungen, Beispiele
14	Thermodynam. Temperatur	$T = \vartheta + T_n$		$T_n = 273{,}15$ K
15	Lineare Ausdehnung (Längenausdehnung)	$l_\vartheta = l_0 + l_0 \cdot \Delta\vartheta \cdot \alpha$ $= l_0(1 + \Delta\vartheta \cdot \alpha)$ $\Delta l = l_0 \cdot \Delta\vartheta \cdot \alpha$	Bei Abkühlung minus	α: Linearer Ausdehnungskoeffizient
16	Kubische Ausdehnung (Volumenausdehnung)	$V_\vartheta = V_0(1 + \Delta\vartheta \cdot \gamma)$ $\Delta V = V_0 \cdot \Delta\vartheta \cdot \gamma$		γ: Kubischer Ausdehnungskoeffizient
17	Beziehung zwischen γ und α	$\gamma \approx 3\,\alpha$		

Größe, Gesetz	Größengleichung, Hinweise	Bemerkungen, Beispiele
Wärmeenergie		
[18] Wärmekapazität	$C = \dfrac{\Delta Q}{\Delta T}$	Wärmekapazität eines Körpers, einer Stoffportion
[19] Spezifische Wärmekapazität	$c = \dfrac{\Delta Q}{m \cdot \Delta T}$ $\quad\rotatebox{90}{$c_{\mathrm{m}} = c \cdot M$}$	c_{p}: bei konstantem Druck c_{v}: bei konstantem Volumen (vgl. [49])
[20] Molare Wärmekapazität	$c_{\mathrm{m}} = \dfrac{\Delta Q}{n \cdot \Delta T}$	M: Molare Masse
[21] Wärmemenge	$\Delta Q = m \cdot c \cdot \Delta\vartheta$	Zu- oder abgeführt
[22]	Aufgenommene Wärmemenge = Abgegebene Wmg. $Q_1 = Q_2$	
[23] Wärmemischungsgleichung	$m_1 \cdot c_1 \cdot (\vartheta_1 - \vartheta_{\mathrm{M}}) =$ $= m_2 \cdot c_2 \cdot (\vartheta_{\mathrm{M}} - \vartheta_2)$	ϑ_{M}: Temperatur der Mischung
[24] Bei $c_1 = c_2$	$\dfrac{m_1}{m_2} = \dfrac{\vartheta_{\mathrm{M}} - \vartheta_2}{\vartheta_1 - \vartheta_{\mathrm{M}}}$	Stoff 1 (wärmer) Stoff 2 (kälter)
[25] Schmelzwärme	$Q_{\mathrm{s}} = q \cdot m$	q: spezifische Schmelzwärme
[26] Verdampfungswärme	$Q_{\mathrm{v}} = r \cdot m$	r: spezifische Verdampfungswärme
[27] Enthalpieänderung	$\Delta H = \Delta U + p \cdot \Delta V$	U: Innere Energie $p \cdot \Delta V$: Volumenarbeit

3.3 Elektrizitätslehre

[28] Ohmsches Gesetz	$I = \dfrac{U}{R}$	Gleichspannung konstante Temperatur	I: Stromstärke in Ampere (A) U: Spannung in Volt (V) R: Widerstand in Ohm (Ω)
[29] Widerstand | Spezifischer Widerstand	$R = \varrho \cdot \dfrac{l}{A} \quad \varrho = R \cdot \dfrac{A}{l}$ Bedenke mehradrige Kabel R ist temperaturabhängig		ϱ: spezif. Widerstand in $\Omega \cdot \mathrm{mm}^2 \cdot \mathrm{m}^{-1} = \mu\Omega \cdot \mathrm{m}$ l: Länge des Leiters in m A: Querschnittsfläche des Leiters in mm^2
[30] Reihenschaltung von Widerständen	$R_{\mathrm{g}} = R_1 + R_2 + \cdots + R_n$		g: gesamt
[31]	$U_{\mathrm{g}} = U_1 + U_2 + \cdots + U_n$		
[32] Parallelschaltung von Widerständen (Kirchhoff'sche Gesetze)	$I_{\mathrm{g}} = I_1 + I_2 + \cdots + I_n$		
[33]	$\dfrac{1}{R_{\mathrm{g}}} = \dfrac{1}{R_1} + \dfrac{1}{R_2} + \cdots + \dfrac{1}{R_n} = G_{\mathrm{g}}$		
[34]	$R_{\mathrm{g}} = \dfrac{R_1 \cdot R_2}{R_1 + R_2} = \dfrac{1}{G_{\mathrm{g}}}$		Bei nur 2 Widerständen
[35]	$I_1 : I_2 : \cdots = G_1 : G_2 : \cdots$		
[36] Elektrizitätsmenge	$Q = I \cdot t$		Einheit $1\,\mathrm{A} \cdot \mathrm{s} = 1\,\mathrm{C}$ (Coulomb)

	Größe, Gesetz	Größengleichung, Hinweise	Bemerkungen, Beispiele
37	Elektrolytische Abscheidung (Faradaysche Gesetze)	$n(X) = \dfrac{Q}{z(X) \cdot F} = \dfrac{I \cdot t}{z(X) \cdot F}$	X: abgeschiedener Stoff $z(X)$: Ladungszahl des Ions F: Faraday-Konstante
38		$m(X) = \dfrac{M(X)}{z(X) \cdot F} \cdot I \cdot t \cdot \eta$	s. K 6 η: Stromausbeute in % 13
39	Elektrochemische Äquivalentmasse	$m_ä(X) = \dfrac{M(X)}{z(X) \cdot F}$	$m_ä$: Zur rechnerischen Vereinfachung tabelliert, s. S. 47
40		$m(X) = m_ä(X) \cdot I \cdot t \cdot \eta$	
41	Elektrische Leistung	$P = U \cdot I = I^2 \cdot R = \dfrac{U^2}{R}$	Einheit W (Watt), bei Wechselspannung auch VA (Voltampere)
42	Elektrische Arbeit	$W = P \cdot t$	Einheit z. B. Ws, kWh

3.4 Gase

	Zustandsgleichung der Gase		
43	Isobare Form (1. Gesetz von Gay-Lussac)	$\dfrac{V_1}{V_2} = \dfrac{T_1}{T_2}$	Index 1, 2: Zustand 1, 2 $p =$ konst.
44	Isochore Form (2. Gesetz von Gay-Lussac)	$\dfrac{p_1}{p_2} = \dfrac{T_1}{T_2}$	$V =$ konst.
45	Isotherme Form (Gesetz von Boyle und Mariotte)	$p_1 \cdot V_1 = p_2 \cdot V_2$	$T =$ konst.
46	Allgemeine Form	$\dfrac{p_1 \cdot V_1}{T_1} = \dfrac{p_2 \cdot V_2}{T_2}$	Oder $p_1 \cdot V_1 \cdot T_2 = p_2 \cdot V_2 \cdot T_1$
47	Adiabate Form	$p \cdot V^\kappa =$ konst.	Ohne Wärmezu- und -abfuhr $\kappa = \dfrac{c_P}{c_V}$ vgl. 19
48	Allgemeines Gasgesetz	$p \cdot V = n \cdot R \cdot T$ Gilt streng nur bei niedrigem p, 61 bei niedrigem c	Allgemeine Gaskonstante $R = \dfrac{p_n \cdot V_{m,n}}{T_n}$ Indizes: Im Normzustand vgl. K 3 und K 4
49	Osmotischer Druck	$\Pi = c \cdot R \cdot T$	Gesetz von van't Hoff, Gasgesetz auf Lösungen angewendet
	Gasgemische		
50	Partialdruck in Gasgemischen (Dalton'sches Gesetz)	$p(\text{Gem}) = p(A) + p(B) + \cdots$	Gem: Gemisch A, B, ···: Komponenten des Gemischs
51	Verhältnis der Partialdrücke	$\dfrac{p(A)}{p(B)} = \dfrac{\varphi(A)}{\varphi(B)} = \dfrac{n(A)}{n(B)}$	$V \sim \varphi \sim n$ φ: Volumenanteil 75
52	Druck- u. Volumenanteil, Stoffmengenanteil	$\dfrac{p(A)}{p(\text{Gem})} = \dfrac{V(A)}{V(\text{Gem})} = \chi(A)$	Ideales Verhalten der Gase vorausgesetzt
53	Raoultsches Gesetz	$\dfrac{p_0 - p}{p_0} = \chi(X)$	$p_0 - p$: Dampfdruckerniedrigung $\chi(X)$: Stoffmengenanteil des gelösten Stoffes X

	Größe, Gesetz	Größengleichung, Hinweise	Bemerkungen, Beispiele
54	Dampfdruckerniedrigung in verdünnten Lösungen	$p_0 - p = \dfrac{n(X) \cdot c}{n(X) \cdot i \cdot n(H_2O)}$	i: van't Hoffscher Koeffizient
55	Wasserdampfdestillation	$\dfrac{m(A)}{m(B)} = \dfrac{p(A) \cdot M(A)}{p(B) \cdot M(B)}$	Massenverhältnis in der Dampfphase

3.5 Physikalisch-chemische/technische Daten

	Viskosität		
56	Viskosität, dynamische (Messverfahren nach Höppler)	$\eta = K(\varrho_K - \varrho_{Fl}) \cdot t$	Einheit Pa·s, mPa·s K: Kugelkonstante
57	Viskosität, kinematische	$\nu = \dfrac{\eta}{\varrho_{Fl}}$	ϱ_K: Dichte Kugelmaterial ϱ_{Fl}: Dichte Flüssigkeit t: Fallzeit der Kugel
	Molare Masse, Bestimmung		
58	Aus Gasgesetzen	$M(X) = \dfrac{m(X) \cdot R \cdot T}{p \cdot V(X)}$	mit 14
59 60	*Aus Dampfdruckerniedrigung* — Gefriertemperaturerniedrigung	$\Delta\vartheta_m = K_m \cdot b(X)$ $M(X) = K_m \cdot \dfrac{m(X)}{\Delta\vartheta_m \cdot m(Lsm)}$	b: Molalität, vgl. 77 K_m: molale Gefriertemperaturerniedrigung, Kryoskopische Konstante
61 62	Siedetemperaturerhöhung	$\Delta\vartheta_b = K_b \cdot b(X)$ $M(X) = K_b \cdot \dfrac{m(X)}{\Delta\vartheta_b \cdot m(Lsm)}$	K_b: molale Siedetemperaturerhöhung, Ebullioskopische Konstante Zahlenwerte s. S. 53
	Strömungslehre		
63	Kontinuitätsgleichung	$v_1 \cdot A_1 = v_2 \cdot A_2$ oder $\dfrac{v_1}{v_2} = \dfrac{A_2}{A_1}$ $v \cdot A = $ konst $= $ Volumenstrom $\dot{V}$ 69	A_1: A_2: Rohrquerschnittsfläche in m^2 an beliebiger Stelle 1 oder 2 $v_{1,2}$: Strömungsgeschwindigkeit des Mediums in $m \cdot s^{-1}$ an Stelle 1 oder 2
64	Staudruck (dynamischer Druck)	$p_{dyn} = \dfrac{\varrho \cdot v^2}{2}$	ϱ: Dichte des strö v: Geschwindigkeit menden Mediums
65	Strömungsgesetz von Bernoulli	Bei horizontaler Strömung Gesamt-druck = Ruhe-druck + Stau-druck $p_{ges} = p + p_{dyn} = $ konst $p_1 + p_{dyn1} = p_2 + p_{dyn2}$	In Pa oder bar *Strömung längs eines Stromfadens*[1]) An Stelle 1 oder 2
66 67	*Reibung vernachlässigbar gering*[1])	Bei Strömung mit Höhenunterschied $p_1 + \varrho \cdot g \cdot h_1 + p_{dyn1}$ $= p_2 + \varrho \cdot g \cdot h_2 + p_{dyn2}$	ϱ: Dichte des Mediums g: Fallbeschleunigung $9{,}81\ m \cdot s^{-2}$ $h_{1,2}$: Höhe an Stelle 1 oder 2 in m

[1]) berücksichtigt nicht die Innere Reibung (Viskosität) des Mediums. – Verengung des Querschnittes am Ausfluss, Turbulenz durch dessen Form.

	Größe, Gesetz	Größengleichung, Hinweise	Bemerkungen, Beispiele
68	Ausflussgesetz von Torricelli	$v = \sqrt{2g \cdot h}$	v: Strömungsgeschwindig-keit in $m \cdot s^{-1}$
69	Volumenstrom – theoretisch	$\dot{V}_0 = \dfrac{V}{t} = \dfrac{A \cdot v \cdot t}{t} = A \cdot v$ $= A \cdot \sqrt{2g \cdot h}$	g: Fallbeschleunigung s. K 8 h: Höhe Flüssigkeitssäule in m $\dot{V}_0$ in $m^3 \cdot s^{-1}$ V: Ausfließendes Flüssig-keitsvolumen in m^3 t: Zeit in s A: Fläche der Ausfluss-öffnung in m^2
	– praktisch	$\dot{V} < \dot{V}_0$	z.B. bei Wasser und scharf-kantiger Öffnung $\dot{V} \approx 0{,}62\ \dot{V}_0$

3.6 Lösungen

Mischphasen – Gehaltsgrößen nach DIN 1310
- Bei der Angabe von n, m, c, $V \cdots$ muss auch das Teilchen X angegeben werden, auf das sich die Größe bezieht, z.B. $m(\text{Lsm})$.

Lsg: Lösung   Lsm: Lösemittel   X: gelöster Stoff

70	Massenanteil	*)	$w(X) = \dfrac{m(X)}{m(X) + m(\text{Lsm})}$ $= \dfrac{m(X)}{m(\text{Lsg})}$	Veraltet „Massenprozent" Einheit z.B. g/100 g
71	Massenkonzentration		$\beta(X) = \dfrac{m(X)}{V(\text{Lsg})}$	Auch „Partialdichte" Einheit z.B. g/L
72	Stoffmengenkonzentration, Molarität	*)	$c(X) = \dfrac{n(X)}{V(\text{Lsg})}$	Einheit mol/L
73	Beziehung zwischen β und c		$\beta(X) = c(X) \cdot M(X)$	
74	Volumenkonzentration		$\sigma(X) = \dfrac{V(X)}{V(\text{Lsg})}$	Veraltet „Volumenprozent" Einheit z.B. mL/100 mL
75	Volumenanteil		$\varphi(X) = \dfrac{V(X)}{V(X) + V(\text{Lsm})}$	σ unterscheidet sich im Betrag von φ bei Volumenkontraktion Anwendung sinngemäß auch bei Gasgemischen
76	Stoffmengenanteil		$\chi(X) = \dfrac{n(X)}{n(X) + n(\text{Lsm})}$	Veraltet „Molenbruch"
77	Molalität	*)	$b(X) = \dfrac{n(X)}{m(\text{Lsm})}$	Einheit $\dfrac{\text{mol}}{\text{kg}}$
78	Löslichkeit (Gehaltsgröße der gesättigten Lösung)		$L^*(X) = \dfrac{m(X)}{m(\text{Lsm})}$ g/100 g Lsm ist in Tabellen üblich	X: Maximal lösliche Masse des reinen Stoffes (X) L^* ist stark temperaturabhängig

*) Umrechnung s. S. 51

	Größe, Gesetz	Größengleichung, Hinweise	Bemerkungen, Beispiele
79	Mischungsgleichung	$n_1(X) + n_2(X) = n_M(X)$	Die Summe der Stoffmengen von X in den Mischungskomponenten 1 und 2 ist gleich der Stoffmenge von X in der Mischung M. Die Gleichung ist für eine beliebige Anzahl von Mischungskomponenten erweiterbar.
		$m_1(X) + m_2(X) = n_M(X)$	Die Summe der Massen an X in den Mischungskomponenten ist gleich der Masse an X in der Mischung.
		$m_1 + m_2 = m_M$	Die Summe der Massen der Mischungskomponenten ist gleich der Masse der Mischung.
80	mit Massenanteil	$m_1 \cdot w_1(X) + m_2 \cdot w_2(X) =$ $= m_M \cdot w_M(X)$	Die Summe der Volumina der Mischungskomponenten muss nicht gleich dem Volumen der Mischung sein.
81	mit Stoffmengenkonzentration	$V_1 \cdot c_1(X) + V_2 \cdot c_2(X) =$ $= V_M \cdot c_M(X)$	
82	mit Massenverhältnis	$\dfrac{m_1}{m_2} = \dfrac{w_M - w_2}{w_1 - w_m}$	Sind m_1 und m_2 nicht bekannt, kann nur das Massenverhältnis berechnet werden
	Mischungskreuz Rechenhilfe	$\begin{array}{c} w_1 \\ \\ w_2 \end{array} \!\!\diagdown\!\! \begin{array}{c} \vartriangleleft \\ w_M \\ \triangle \end{array} \!\!\diagup\!\! \begin{array}{c} m_1 \\ \\ m_2 \end{array}$	Nach Pfeilen *positive* Differenzen bilden

3.7 Stöchiometrie

- Bei der Angabe von Größen zur Stöchiometrie muss grundsätzlich das Teilchen X angegeben werden, auf das sich die Größe bezieht, z. B. $n(X)$, für „Stoffmenge von X"

83	Stoffmenge	$n(X) = \dfrac{m(X)}{M(X)}$	$m(X) =$ Masse von X $M(X) =$ Molare Masse von X
84	Molares Volumen	$V_m(X) = \dfrac{V}{n(X)}$	$V =$ Volumen des Gases X $\boxed{K3}$
85	Massenanteil	$w(X) = \dfrac{m(X)}{m}$	Quotient aus der Masse des Stoffes X und der Gesamtmasse m; häufige Angabe in $w\%$: $w(X) \text{ in } \% = \dfrac{m(X)}{m} \cdot 100\%$

21

	Größe, Gesetz	Größengleichung, Hinweise	Bemerkungen, Beispiele
86	Stoffmengenverhältnis	$a = \dfrac{n(X)}{n(Y)}$ Das Stoffmengenverhältnis ist unmittelbar aus der Reaktionsgleichung abzulesen.	z. B.: $N_2 + 3\,H_2 \rightarrow 2\,NH_3$ $\dfrac{n(N_2)}{n(H_2)} = \dfrac{1}{3} \quad \dfrac{n(N_2)}{n(NH_3)} = \dfrac{1}{2}$ Es ist darauf zu achten, in welcher Weise das Stoffmengenverhältnis in Gleichungen eingesetzt wird, da zwei Angaben möglich sind: $\dfrac{n(H_2)}{n(NH_3)} = \dfrac{3}{2} \quad \dfrac{n(NH_3)}{n(H_2)} = \dfrac{2}{3}$ Auch für rein formal geschriebene Gleichungen anwendbar, z. B.: $Fe_2O_3 \rightarrow 2\,Fe + 3\,O$ $\dfrac{n(Fe)}{n(Fe_2O_3)} = \dfrac{2}{1}$ $\dfrac{n(O)}{n(Fe_2O_3)} = \dfrac{3}{1}$
87	Massenanteil des Teilchens X in der Stoffportion und Stöchiometrischer Faktor	$w(X) = \dfrac{a \cdot M(X)}{M(ET)}$ $F(X) = \dfrac{a \cdot M(X)}{M(ET)}$	ET = Einzelteilchen z. B. Fe_2O_3: mit 84 $w(Fe) = \dfrac{2 \cdot M(Fe)}{M(Fe_2O_3)}$ $w(O) = \dfrac{3 \cdot M(O)}{M(Fe_2O_3)}$ Wird je nach Verfahren auch als Analytischer Faktor bzw. Gravimetrischer Faktor bezeichnet.
88	Masse des Teilchens X in der Stoffportion	$w(X) = \dfrac{a \cdot M(X)}{M(ET)} \cdot m(ET)$	z. B. CH_4: $m(H) = \dfrac{4 \cdot M(H)}{M(CH_4)} \cdot m(CH_4)$
89	Stöchiometrisches Massenverhältnis	$\dfrac{m(X)}{m(Y)} = a \cdot \dfrac{M(X)}{M(Y)}$	z. B.: $Na_2O + H_2O \rightarrow 2\,NaOH$ $\dfrac{m(Na_2O)}{m(NaOH)} = \dfrac{M(Na_2O)}{2 \cdot M(NaOH)}$ $\dfrac{m(NaOH)}{m(Na_2O)} = \dfrac{2 \cdot M(NaOH)}{M(Na_2O)}$

3.8 Gravimetrie

	Größe, Gesetz	Größengleichung	Bemerkungen
90	Analytischer Faktor (auch stöchiometr. Faktor)	$F(X) = \dfrac{a \cdot M(X)}{M(\text{Wägeform})}$	X: Zu bestimmender Stoff a: Anzahl von X im Teilchen 87 der Wägeform, Stoffmengenverhältnis
91	Ergebnis einer gravimetrischen Analyse	$m(X) = m(\text{Auswaage}) \cdot \text{Analytischer Faktor} \cdot f_A$	f_A: Aliquotierfaktor

3.9 Volumetrie

- X = Analyt
- VL = Vorlage mit Analyt

MS = Maßsubstanz, gelöst in Maßlösung ML
ÄP = Äquivalenzpunkt   BW = Blindwert

Größe, Gesetz	Größengleichung, Hinweise	Bemerkungen, Beispiele
92 Titer einer Maßlösung	$t = \dfrac{c(MS)}{c_S(MS)}$	$c(MS) =$ wahre Konzentration, Ist-Konzentration $c_S(MS) =$ Sollkonzentration (früher „runde Konzentration")
93 Aliquotierfaktor	$f_{aq} = \dfrac{V_{Ausgangslösung}}{V_{VL}}$	z. B.: für $V_{Ausgangslösung} = 250$ mL und $V_{VL} = 50$ mL ist $f_{aq} = 5$
94 Ergebnis einer Titration für $\dfrac{n(X)}{n(MS)} = \dfrac{1}{1}$	$n_{VL}(X) = c(MS) \cdot V_{ÄP(ML)}$ $c(X) \cdot V_{VL(X)} = c(MS) \cdot V_{ÄP(ML)}$ $c(X) \cdot V_{VL(X)} =$ $= c_S(MS) \cdot t(ML) \cdot V_{ÄP(ML)}$ Ein Blindwert wird am einfachsten berücksichtigt, indem das bei der Blindwertsbestimmung ermittelte Volumen an Maßlösung von dem bei der Analytbestimmung ermitteltem Volumen an Maßlösung subtrahiert wird.	In anderen Fällen sind die entsprechenden Stoffmengenverhältnisse einzusetzen, z. B.: $H_2SO_4 + 2\,NaOH \rightarrow$ $Na_2SO_4 + 2\,H_2O$ $\dfrac{n(H_2SO_4)}{n(NaOH)} = \dfrac{1}{2}$ $c(H_2SO_4) \cdot V_{VL(H_2SO_4)} =$ $\dfrac{1}{2} \cdot c(NaOH) \cdot V_{ÄP(NaOH)}$
95 Rücktitration ohne Blindwertsbestimmung **96** mit Blindwertsbestimmung **97** bei der Blindwertsbestimmung	Rechnung über Stoffmengenbilanzen: $n_0(MS) = n_X(MS) + n_R(MS)$ $n_0(MS) = n_X(MS) + n_R(MS) + n_{BW}(MS)$ $n_0(MS) = n_R(MS) + n_{BW}(MS)$	Für MS gilt: Die Ausgangsstoffmenge n_0 ist gleich der Stoffmenge n_X, die für den Analyten verbraucht wurde, plus der Stoffmenge n_R, die bei der Rücktitration noch gefunden wurde, plus der Stoffmenge n_{BW}, die für den Blindwert verbraucht wurde.
Technische Kennzahlen aus volumetrischen Analysen		
98 Säurezahl SZ	$SZ = \dfrac{m(KOH)}{m(Probe)}$	SZ gibt an, welche Masse an KOH in mg gebraucht wird, um die in 1 g Fett enthaltenen freien Säuren zu neutralisieren.
99 Verseifungszahl VZ	$VZ = \dfrac{m(KOH)}{m(Probe)}$	VZ gibt an, welche Masse an KOH in mg gebraucht wird, um die in 1 g Fett enthaltenen freien Säuren zu neutralisieren und die veresterten Säuren zu verseifen.
100 Esterzahl EZ	$EZ = VZ - SZ$	
101 Hydroxylzahl OHZ	$OHZ = \dfrac{m(KOH)}{m(Probe)}$	OHZ gibt an, welche Masse an KOH in mg der von 1 g Fett bei der Acetylierung gebundenen Essigsäure äquivalent ist.
102 Iodzahl IZ	$IZ = \dfrac{m(Iod)}{m(Probe)}$	IZ gibt an, welche Masse an Iod in g von 100 g Fett addiert werden.

3.10 Chemisches Gleichgewicht und pH-Wert

	Größe, Gesetz	Größengleichung, Hinweise	Bemerkungen, Beispiele	
103	Massenwirkungsgesetz und Gleichgewichtskonstante K für die Gleichung $mA + nB \rightleftarrows oC + pD$	$K = \dfrac{c^o(C) \cdot c^p(D)}{c^m(A) \cdot c^n(B)}$ Regel: Die Koeffizienten in der chemischen Gleichung erscheinen als Exponenten im Massenwirkungsgesetz	c sind Gleichgewichts-konzentrationen Bei Gasen Partialdrücke p einsetzen.	
104	pH-Wert pOH-Wert	$pH = -\lg|c(H_3O^+)|$ $pOH = -\lg|c(OH^-)|$ Für wässrige Lösungen gilt: $pH = pOH = 14$ bei $25\,°C$	c in mol/L $|\,|$ bedeutet: Betrag	
105	Säurekonstante für $HA + H_2O \rightleftarrows H_3O^+ + A^-$	$K_S = \dfrac{c(H_3O^+) \cdot c(A^-)}{c(HA)}$ $pK_S = -\lg|(K_S)|$	Die konstante Konzentration von Wasser ist in den Konstan-ten enthalten. Für mehrwertige Systeme sind die Gleichungen im Sinne des MWG zu schreiben. 103	
106	Basenkonstante für $B + H_2O \rightleftarrows BH^+ + OH^-$	$K_B = \dfrac{c(BH^+) \cdot c(OH^-)}{c(B)}$ $pK_B = -\lg|(K_B)|$		
107	Ionenprodukt des Wassers	$K_W = c(H_3O^+) \cdot c(OH^-)$ $K_W = 1,0 \cdot 10^{-14}\ (mol/L)^2$ bei $25\,°C$		
108	Löslichkeitsprodukt für $AB_{fest} \rightleftarrows A^+_{gelöst} + B^-_{gelöst}$	$K_L = c(A^+) \cdot c(B^-)$ $pK_L = -\lg|(K_L)|$ $K_L = 10^{-pK_L}$	Das Löslichkeitsprodukt ist das Produkt der Konzentrationen der gelösten Ionen. Für mehr-wertige Systeme sind die Glei-chungen im Sinne des MWG zu schreiben. 103	
109	Dissoziationskonstante	$K_c = \dfrac{c(A^+) \cdot c(B^-)}{c(AB)}$	Reaktion $AB \rightleftarrows A^+ + B^-$	
110	Gleichgewichtskonstante beim Ionenaustausch	Beispiel: Austausch von „gebundenen" Na^+ gegen „freie" K^+: $K_{Na^+/K^+} =$ $= \dfrac{c(Na^+) \cdot c(RSO_3^- K^+)}{c(K^+) \cdot c(RSO_3^- Na^+)}$	$R =$ Gerüst $SO_3^- =$ Ankergruppe	
111	pH-Wert schwacher Säuren pH-Wert schwacher Basen	$c(H_3O^+) = \sqrt{K_S \cdot c_0(Säure)}$ $c(OH^-) = \sqrt{K_B \cdot c_0(Base)}$	z. B. Essigsäure z. B. Ammoniak	Berechnung pH-Werte mit 104
112	pH-Wert von Salzen aus schwachen Säuren und starken Basen pH-Wert von Salzen aus schwachen Basen und starken Säuren	$c(OH^-) = \sqrt{\dfrac{K_W \cdot c_0(Salz)}{K_S(Säure)}}$ $c(H_3O^+) = \sqrt{\dfrac{K_W \cdot c_0(Salz)}{K_B(Base)}}$	z. B. Natrium-acetat; K_S (Essigsäure) z. B. Ammonium-chlorid; K_B (Ammoniak)	Berechnung pH-Werte mit 104

Größe, Gesetz	Größengleichung, Hinweise	Bemerkungen, Beispiele
113 Puffer aus schwacher Säure und Salz aus schwacher Säure und starker Base	$$c(\mathrm{H_3O^+}) = \frac{K_\mathrm{S} \cdot c(\text{Säure})}{c(\text{Salz})}$$ $$\mathrm{pH} = \mathrm{p}K_\mathrm{S} + \lg\frac{c(\text{Salz})}{c(\text{Säure})}$$	z. B. Essigsäure und Natriumacetat
114 aus schwacher Base und Salz aus schwacher Base und starker Säure	$$c(\mathrm{OH^-}) = \frac{K_\mathrm{B} \cdot c(\text{Base})}{c(\text{Salz})}$$ $$\mathrm{pOH} = \mathrm{p}K_\mathrm{B} + \lg\frac{c(\text{Salz})}{c(\text{Base})}$$	z. B. Ammoniak und Ammoniumchlorid
115 Ostwaldsches Verdünnungsgesetz	$$K_\mathrm{c} = \frac{\alpha^2 \cdot c_0}{1 - \alpha} \approx \alpha^2 \cdot c_0$$	für $AB \rightleftharpoons A + B$ $\approx$ für praktische Rechengenauigkeit, bei $\alpha < 1\%$
116 Dissoziationsgrad Aktivitätskoeffizient (starke Elektrolyte)	$$\alpha = \frac{N(\text{dissoziierte Moleküle})}{N(\text{eingesetzte Moleküle})}$$ $$f_\mathrm{a} = \frac{\text{Ionenaktivität } a}{\text{Ionenkonzentration } c}$$ $\lvert\alpha\rvert = \lvert f_\mathrm{a}\rvert$	N: Anzahl der Moleküle a: dissoziierter Anteil Gehalt als c, w, $b \cdots$ Werte in Dezimalteil von 1
117 Verteilungskoeffizient (Nernstscher Verteilungssatz)	$$K = \frac{c_\mathrm{LM1}(X)}{c_\mathrm{LM2}(X)}$$	LM = Lösemittel Konzentrationen oder Stoffmengen der Komponente X in zwei Lösemitteln, die eine gemeinsame Grenzfläche bilden **137**

(handschriftlich) $\dfrac{c(\text{S})}{c(\text{L})} = 10^{\,pK_S - PH} = \dfrac{x}{x}$ (Verhältnis)

3.11 Elektrochemie

118 Leitwert	$G = \dfrac{1}{R}$ Einheit: S (Siemens)	Kehrwert des Widerstandes
119 Leitfähigkeit	$\kappa = \dfrac{1}{\varrho}$ Einheit: $\mathrm{S \cdot cm^{-1}}$	Kehrwert des spez. Widerstandes
120 Molare Leitfähigkeit	$\Lambda = \dfrac{\kappa}{c}$ Einheit: $\mathrm{S \cdot cm^2 \cdot mol^{-1}}$ (c ist hier die Einwaagekonzentration)	Stoffmengenkonzentrationen umrechnen: $1\,\dfrac{\mathrm{mol}}{\mathrm{L}} = 0{,}001\,\dfrac{\mathrm{mol}}{\mathrm{cm^3}}$.
121 Äquivalentleitfähigkeit	$\Lambda_\mathrm{eq} = \dfrac{\kappa}{z \cdot c}$ z = elektrochemische Wertigkeit Molare Leitfähigkeit und Äquivalentleitfähigkeit unterscheiden sich in den Zahlenwerten bei mehrwertigen Ionen.	$\mathrm{Na^+}: z = 1$ $\mathrm{Zn^{2+}}: z = 2$ Andere Schreibweise, z. B.: Molare Leitfähigkeit: $\Lambda(\mathrm{ZnSO_4}) = 200$ $\mathrm{S \cdot cm^2 \cdot mol^{-1}}$ Äquivalentleitfähigkeit: $\Lambda(1/2\,\mathrm{ZnSO_4}) = 100$ $\mathrm{S \cdot cm^2 \cdot mol^{-1}}$

	Größe, Gesetz	Größengleichung, Hinweise	Bemerkungen, Beispiele
122	Grenzleitfähigkeit	Λ_0 Extrapolation von Λ bzw. Λ_{eq} auf die Konzentration Null	Statt der „Null" wird auch ∞ als Zeichen für „unendliche Verdünnung" gebraucht. $\Lambda_0(ZnSO_4) = 266$ $S \cdot cm^2 \cdot mol^{-1}$ $\Lambda_0(1/2\,ZnSO_4) = 133$ $S \cdot cm^2 \cdot mol^{-1}$
123	Ionenäquivalentleitfähigkeit (Kurzbezeichnung für Ionenäquivalentgrenzleitfähigkeit)	Die Leitfähigkeit eines Elektrolyten E ist gleich der Summe aus den Leitfähigkeiten von Kation und Anion. Gesetz von der unabhängigen Ionenwanderung nach F. Kohlrausch $\Lambda_{0(E)} = \Lambda_0(\text{Kation}) + \Lambda_0(\text{Anion})$	Werte sind tabelliert s. S. 73
124	Molare Leitfähigkeit und Konzentration	$\Lambda = \Lambda_0 - A\sqrt{c}$ Wurzelgesetz nach Kohlrausch	$A = $ Konstante, die von der Wertigkeit des Elektrolyten abhängt $c = $ Einwaagekonzentration
125	Beziehung zwischen Dissoziationsgrad und Molarer Leitfähigkeit	$\alpha = \dfrac{\Lambda}{\Lambda_0}$	
126	Elektrochemisches Potential Nernst'sche Gleichung	$E = E_0 + \dfrac{R \cdot T}{z \cdot F} \cdot \ln a$ $E = E_0 + \dfrac{0{,}059\,V}{z} \cdot \lg a$ $E = E_0 + \dfrac{0{,}059\,V}{z} \cdot \lg \dfrac{a(\text{Ox})}{a(\text{Red})}$ Ox: oxidierte Form Red: reduzierte Form *Zur Berechnung von Redox-Potentialen, z. B. in der Maßanalyse*	E_0: Normalpotential in Volt s. S. 74, 75 R: Gaskonstante T: Absolute Temperatur z: Ladung des Ions F: Faraday-Konstante a: Aktivität des Ions in der Lösung Für praktische Rechnungen:

ϑ in °C	15	20	25
$\dfrac{R \cdot T}{F}$ in V	0,057	0,058	0,059

3.12 Spektroskopie und Photometrie

127	Planck'sches Strahlungsgesetz	$W = h \cdot f$	$W = $ Lichtenergie $f\ = $ Frequenz $h\ = $ Planck'sches Wirkungsquantum K 16
128	Wellenlänge und Frequenz	$c = \lambda \cdot f$	$c = $ Lichtgeschwindigkeit $\lambda = $ Wellenlänge
129	Wellenlänge und Wellenzahl	$\lambda = \dfrac{1}{\bar{\nu}}$	$\bar{\nu} = $ Wellenzahl, sprich: „nü quer"

	Größe, Gesetz	Größengleichung, Hinweise	Bemerkungen, Beispiele
130	Lichtintensität	I Einheit: Watt/m^2. Eigentlich Bestrahlungsstärke, wird in der Spektroskopie als Intensität bezeichnet.	Die Lichtintensität bezieht sich auf die strahlende Lichtquelle, die Bestrahlungsstärke auf die Lichtintensität, die auf eine Fläche (eines Detektors) auftritt.
131	Extinktion	$E = \lg \dfrac{I_0}{I}$	$I_0 =$ Intensität vor der Küvette $I \;=$ Intensität nach der Küvette
132	Transmissionsgrad (spektr. Reintransmissionsgrad)	$\tau = \dfrac{I}{I_0}$ τ in % $= \dfrac{I}{I_0} \cdot 100\,\%$	Auch als Transmission oder Durchlässigkeit bezeichnet
133	Absorptionsgrad (spektr. Reinabsorptionsgrad)	$\alpha = \dfrac{I_0 - I}{I_0}$ α in % $= \dfrac{I_0 - I}{I_0} \cdot 100\,\%$	$\tau + \alpha = 1$ τ in % $+ \alpha$ in % $= 100\,\%$
134	Lambert-Beer'sches Gesetz	$E = \varepsilon \cdot c(\mathrm{X}) \cdot d$ abgeleitet aus; $I = I_0 \cdot e^{-k \cdot c(\mathrm{X}) \cdot d}$ Ersatz von k durch ε beinhaltet die Umrechnung vom Logarithmus zur Basis e zum Logarithmus zur Basis 10.	$\varepsilon =$ molarer dekadischer Extinktionskoeffizient $d =$ Schichtdicke der Küvette
135	Refraktometrie Brechungsgesetz (von Snellius)	$\dfrac{\sin \alpha_1}{\sin \alpha_2} = \dfrac{c_1}{c_2} = n_{1,2} = \dfrac{n_2}{n_1}$	Medien 1 und 2 n_i: Brechzahlen
136	Drehwinkel	$\alpha = [\alpha] \cdot \beta(X) \cdot d$	$\alpha \;=$ Drehwinkel $[\alpha] =$ spezifischer Drehwinkel $\beta \;=$ Massenkonzentration an Analyt $d \;=$ Küvettenschichtdicke

3.13 Extraktion und Chromatographie

	Größe, Gesetz	Größengleichung, Hinweise	Bemerkungen, Beispiele
137	Stoffmengenanteil, der nach der Extraktion in der stationären Phase verbleibt	$$\frac{n_{stN}}{n_0} = \left(\frac{1}{1 + \dfrac{V_{mo}}{V_{st} \cdot K}}\right)^N$$ für $$K = \frac{c_{st}(X)}{c_{mo}(X)}$$	N = Zahl der Extraktionsschritte n_{stN} = Stoffmenge in der stationären Phase n_0 = Ausgangsstoffmenge V_{mo} = Volumen der mobilen Phase V_{st} = Volumen der stationären Phase K = Nernst'scher Verteilungskoeffizient 117
138	Qualitative Analyse Dünnschichtchromatographie	$$R_f(A) = \frac{s_A}{s_{LM}}$$ $$RR_f(A) = \frac{R_f(A)}{R_f(St)}$$	R_f = Retentionsfaktor s_A = Laufstrecke Analyt s_{LM} = Laufstrecke Lösemittel RR_f = relativer Retentionsfaktor St = Standard
139	Auflösung	$$R = \frac{\Delta s_R}{\overline{w}}$$ Die Auflösung R ist der Quotient aus der Retentionsdifferenz und dem arithmetischen Mittel der Peakbreiten.	vereinfachte Peakform; ist $R = 1$, so ist die Überlappung der Flächen realer Peaks ca. 2 %
140	Retention	$$t_R = t_{st} + t_{mo}$$	t_R = Bruttoretentionszeit t_{st} = Zeit in der stationären Phase, Nettoretentionszeit t_{mo} = Zeit in der mobilen Phase, Totzeit
141	Näherungsformel zur Berechnung der Totzeit	$$t_{mo} = r^2 \cdot \pi \cdot \frac{l}{v_{Fluss}}$$	l = Säulenlänge r = Säulenradius
142	Trennfaktor	$$k' = \frac{t_{st}}{t_{mo}}$$	früher Kapazitätsfaktor
143	Selektivität	$$\alpha = \frac{t_{st}(A)}{t_{st}(B)} = \frac{K(A)}{K(B)}$$	Vereinbarungsgemäß wird der Wert für die Komponente mit der größeren Retentionszeit in den Zähler eingesetzt.

	Größe, Gesetz	Größengleichung, Hinweise	Bemerkungen, Beispiele
144	Trennstufenhöhe	$H = \dfrac{l}{N}$ Die Trennstufenzahl N ist gleich der Zahl der theoretischen Böden einer Säule. Die Trennstufenhöhe H ist ein gedachter Längenabschnitt in der Säule, in dem sich das Gleichgewicht der Komponenten zwischen der stationären und der mobilen Phase einmal einstellt. Thermodynamisches Modell der Trennung.	$l =$ Säulenlänge
145	Signalhöhe und Bruttoretentionszeit nach der Gauß'schen Verteilung	$S = \dfrac{1}{\sigma \cdot \sqrt{2\pi}} \cdot e^{-\frac{(t - t_R)^2}{2\sigma^2}}$	$S =$ Signalhöhe $t =$ Zeit $\sigma =$ Varianz $\boxed{158}$
146	Trennstufenzahl und Bruttoretentionszeit	$N = \left(\dfrac{t_R}{\sigma}\right)^2$	
147	Peakbreite und Varianz	$\sigma = \dfrac{w}{4}$	$w =$ Peak(basis)breite
148	Halbwertsbreite und Varianz	$b_{0,5} = 2{,}354 \cdot \sigma$	$b_{0,5} =$ Peakbreite in halber Höhe
149	Berechnungsmöglichkeiten der Trennstufenzahl	$N = \left(\dfrac{t_R}{\sigma}\right)^2 = 16 \cdot \left(\dfrac{t_R}{w}\right)^2 =$ $= 5{,}54 \cdot \left(\dfrac{t_R}{b_{0,5}}\right)^2$	
150	van-Deemter-Theorie	$H = A + \dfrac{B}{\upsilon} + C \cdot \upsilon$ Kinetisches Modell der Trennung zur Ermittlung der optimalen Strömungsgeschwindigkeit υ.	$A =$ Streudiffusion $B =$ Strömungsverteilung $C =$ Massenübergang
151	Quantitative Analyse über Responsefaktoren und internem Standard	$f = \dfrac{A(\text{Ko})}{m(\text{Ko})}$ $f = \dfrac{A\%(\text{Ko})}{w\%(\text{Ko})}$ $f = \dfrac{A(\text{Ko})}{\beta(\text{Ko})}$ $\beta(\text{Ko}) = \beta(\text{St}) \cdot \dfrac{A(\text{Ko})}{A(\text{St})} \cdot \dfrac{f(\text{St})}{f(\text{Ko})}$	$\text{Ko} =$ Komponente $f \ =$ Responsefaktor $A \ =$ Peakfläche $A\% =$ Peakfläche in % $m \ =$ Masse $w\% =$ Massenanteil in % $\beta \ =$ Massenkonzentration $\text{St} \ =$ Standard

4 Behandlung und Beurteilung von Messwerten

4.1 Statistische Grundgrößen

	Größe, Gesetz	Größengleichung (Formel)	Bemerkungen
152	Mittelwert	$$\bar{x} = \frac{\sum_{i=1}^{N} x_i}{N}$$	Summe aller Messwerte x_i von $i=1$ bis $i=N$ dividiert durch die Anzahl der Messwerte N
153	Streubreite	$\Delta x_{SB} = x_{max} - x_{min}$	Differenz zwischen maximalem und minimalem Wert
154	Mittlere Abweichung	$$\overline{\Delta x} = \frac{\sum_{i=1}^{N} |x_i - \bar{x}|}{N}$$	$|\ \ |$ = Betrag, jeweils nur positive Differenzen bilden
155	Relative mittlere Abweichung	$\overline{\Delta x}\% = \dfrac{\overline{\Delta x}}{\bar{x}} \cdot 100\%$	
156	Standardabweichung für eine Stichprobe	$$s = \sqrt{\frac{\sum_{i=1}^{N} (x_i - \bar{x})^2}{N-1}}$$	
157	Relative Standardabweichung	$s\% = \dfrac{s}{\bar{x}} \cdot 100\%$	auch Variationskoeffizient genannt
158	Varianz	$\sigma = s^2$	Auch Streumaß genannt
159	Lineare Regression Steigung a	$a = \dfrac{\sum (x_i - \bar{x})(y_i - \bar{y})}{\sum (x_i - \bar{x})^2}$	für die Gleichung einer Geraden $y = ax + b$
	Achsenabschnitt b	$b = \bar{y} - a\bar{x}$	
	Korrelationskoeffizient	$r = \dfrac{\sum (x_i - \bar{x})(y_i - \bar{y})}{\sqrt{\sum (x_i - \bar{x})^2 \cdot \sum (y_i - \bar{y})^2}}$	Das Bestimmtheitsmaß ist das Quadrat des Korrelationskoeffizienten. $R^2 = 0$ kein Zusammenhang
	Bestimmtheitsmaß	$R^2 = r^2$	$R^2 = 1$ ideal linearer Zusammenhang

4.2 Gauß'sche Verteilung und Häufigkeit

Häufigkeitsverteilung und Standardabweichung nach der Gauß'schen Normalverteilung

Bereich	Häufigkeit in %
$\bar{x} \pm 1s$	über 68%
$\bar{x} \pm 2s$	über 95%
$\bar{x} \pm 3s$	über 99%

Wahrscheinlichkeit

Die relative Häufigkeit wird Wahrscheinlichkeit genannt. Ist die Wahrscheinlichkeit der Übereinstimmung oder Unterscheidung von Werten
- unter 90%, so wird dies als *zufällig*

– kleiner als 95%, aber mindestens 90%, so wird dies als *wahrscheinlich*
– kleiner als 99%, aber mindestens 95%, so wird dies als *signifikant*
– mindestens 99%, so wird dies als *hochsignifikant* bezeichnet.

4.3   Prüfung auf Ausreißer

Prüfgrößenbezeichnung.
P 90% Stufe wahrscheinlich   P 95% Stufe signifikant   P 99% Stufe hochsignifikant

Prüfung über die Streubreite

Die Differenz zwischen dem „ausreißerverdächtigen Wert" und seinem nächsten Nachbarn wird durch die Streubreite dividiert. Ist der erhaltene Wert, Prüfgröße PG genannt, gleich oder größer den Tabellenwerten der statistischen Wahrscheinlichkeiten P, so liegt ein Ausreißer vor und der Wert wird eliminiert. Liegen mehrere ausreißerverdächtige Werte vor, so wird mit dem kleinsten Wert begonnen und dann die Prozedur mit dem größten Wert fortgesetzt. Liegen in einer Messreihe identische Extremwerte vor, so darf der Test auf Normalverteilung über die Streubreite nicht angewandt werden.

$$PG = \frac{|x_{Aus} - x_{Nä}|}{\Delta x_{SB}}$$

x_{Aus} ausreißverdächtiger Wert
$x_{Nä}$ Wert, der dem ausreißverdächtigen Wert am nächsten liegt
Δx_{SB} Streubreite

Tabelle der Prüfgrößen

Zahl der Messwerte N	3	4	5	6	7
P 90%	0,94	0,76	0,64	0,56	0,51
P 95%	0,97	0,83	0,71	0,63	0,57
P 99%	0,99	0,93	0,82	0,74	0,68

(R. B. Dean, W. Dixon Analytical Chemistry 23 (1953) 636–638; überarbeitet von D. R. Rorabacher, Analytical Chemistry 63 (1991) 139–146; den Test über die Streubreite gibt es in mehreren Variationen)

Prüfung über die Standardabweichung

Berechnung der Prüfgröße PG: $$PG = \frac{|x_{Aus} - \bar{x}|}{s}$$

x_{Aus} ausreißverdächtiger Wert $\bar{x}$ Mittelwert

Tabelle der Prüfgrößen

Zahl der Messwerte N	7	8	9	10	11	12	13
P 90%	1,828	1,909	1,977	2,036	2,088	2,134	2,175
P 95%	1,938	2,032	2,110	2,176	2,234	2,285	2,331
P 99%	2,097	2,221	2,323	2,410	2,485	2,550	2,607

(Auszug der r_m-Tabelle Deutsche Einheitsverfahren, 8. Lieferung 1979, Grundlagen der Statistik, Seite 45)

Dabei gilt: Ist die nach der Gleichung berechnete Prüfgröße PG
– kleiner als der Tabellenwert P 90%, so ist der Unterschied *zufällig*
– kleiner als der Tabellenwert P 95%, aber mindestens gleich dem Tabellenwert P 90%, so ist der Unterschied *wahrscheinlich*
– kleiner dem Tabellenwert P 99%, aber mindestens gleich dem Tabellenwert P 95%, so ist der Unterschied *signifikant*
– größer oder gleich dem Tabellenwert P 99%, so ist der Unterschied *hochsignifikant*

5 Physikalisch-chemische/technische Daten

5.1 Dynamische Viskositäten

η: **Dynamische Viskosität** in Millipascalsekunden (mPa·s) bei $p = 1013{,}25$ hPa
ϑ: **Temperatur** in °C [Die Stoffe können auch gasförmig vorliegen]

Stoff \ ϑ/°C — η in mPa·s	0	10	20	30	40	50	60	80	100	120
Wasser	1,788	1,305	1,004	0,801	0,653	0,550	0,470	0,355	0,282	
Quecksilber	1,698	1,627	1,562	1,50	1,45	1,411	1,37	1,30	1,230	
CCl_4	0,70	0,63	0,57	0,51	0,466	0,426	0,390			
CH_3OH	0,817	0,686	0,584	0,510	0,450	0,396	0,351			
CH_3COOH		1,45	1,21	1,04	0,90	0,79	0,70	0,56	0,46	
C_2H_5OH	1,78	1,46	1,19	1,00	0,825	0,701	0,591	0,435		
Glycerin	12070	3950	1412	612	284	142	81,3	31,9	14,8	
$C_2H_5{-}O{-}C_2H_5$	0,296	0,268	0,243	0,220	0,199		0,166	0,140	0,118	
C_6H_6	0,91	0,758	0,647	0,559	0,489	0,433	0,386	0,314	0,262	
$C_2H_5CH_3$	0,772	0,669	0,588	0,523	0,469	0,423	0,384	0,320	0,272	0,232
$C_2H_5NH_2$	10,2	6,5	4,4	3,12	2,30	1,80	1,50	1,10	0,80	0,59
Leinöl	78		52	35	25	18	13,5			
Rizinusöl			977	447	226	129				

5.2 Dynamische Viskosität wässriger Lösungen

η: **Dynamische Viskosität** der wässrigen Lösung in Millipascalsekunden (mPa·s) bei $p = 1013{,}25$ hPa
ϑ: **Temperatur** in °C w: **Massenanteil** des gelösten Stoffes in %
ϱ: **Dichte** der Lösung in g/mL. Siehe auch 8.4 S. 49 f.

Gelöster Stoff		ϑ/°C — η in mPa·s (w/%)	5	10	20	30	40	50	60	70	80	90
HCl	η	20	1,08	1,16	1,36	1,70						
HNO_3	η	20		1,038	1,136	1,306	1,551	1,834	2,021	2,083	1,837	1,361
H_2SO_4	η	20		1,23	1,55		2,70		5,7	10,2	22	24
	η	25	1,010	1,122	1,398	1,901	2,510	3,547	5,370	9,016	17,378	18,197
	ϱ	25	1,033	1,065	1,137	1,215	1,305	1,483	1,518	1,608	1,723	1,811
NaOH	η	20	1,30	1,86	4,48							
Na_2CO_3	η	20	1,29	1,74	4,02							
C_2H_5OH	η	20		1,54	2,18	2,71	2,91	2,87	2,67	2,37	2,01	1,61
	ϱ	20		0,9818	0,9687	0,9540	0,9351	0,9139	0,8911	0,8676	0,8433	0,8179
Glycerin	η	20	1,143	1,311	1,769	2,501	3,750	6,050	10,96	22,94	62,0	234,6
	ϱ	20	1,0103	1,0219	1,0469	1,0727	1,0994	1,1262	1,1538	1,1813		
	η	25	1,010	1,153	1,542	2,157	3,181	5,041	8,823	17,96	45,86	163,6
	ϱ	25	1,0089	1,0207	1,0451	1,0707	1,0972	1,1237	1,1511	1,1783	1,2057	1,2322
CH_3COOH	ϱ	20	1,0055	1,0125	1,0260	1,0381	1,0488	1,0577	1,0641	1,0685	1,0700	1,0660

w/%			2,1	5,7	10,8	13,0	15,3	17,2	19,6	21,4	23,3	24,9	27,7
η		20	1,640	2,222	2,549	2,601	2,682	2,694	2,726	2,727	2,719	2,708	2,644

5.3 Brennwerte und Heizwerte (DIN 5499) – Verbrennungsenthalpien

Reaktionsenergie eines Brennstoffes. Nach der Verbrennung vorhandenes Wasser bei

H_o: **Brennwert** flüssig, mit $\left\{\begin{array}{l}\text{Kondensations- und}\\\text{Abkühlungswärme}\end{array}\right\}$ berechnet.
H_u: **Heizwert** gasförmig, ohne

$H_{o,m}$: **Molarer Brennwert** (früher oberer Heizwert, Index Buchstabe o).*
In der Chemie die bei vollständiger Verbrennung von 1 mol Substanz frei werdende Wärmemenge in kJ/mol. Dabei entstehender Wasserdampf wird als kondensiert berechnet ($\vartheta = 25\ °C$, $p = 1013{,}25$ hPa). Vorzeichen –.

H_o: **Spezifischer Brennwert.** In der Technik analog $H_{o,m}$ die bei vollständiger Verbrennung von 1 kg Brennstoff freiwerdende Wärmemenge in kJ/kg, jedoch ohne Vorzeichen (vgl. DIN 51 900).

$H_{o,n}$: **Volumenbezogener Brennwert,** bei Gasen auf das Normvolumen bezogen in kJ/m³ (Nz)*

H_u: **Spezifischer Heizwert** (früher unterer Heizwert) Wie Brennwert H_o, jedoch abzüglich der Kondensationswärme des bei der Verbrennung entstehenden Wasserdampfes in kJ/m³ (Nz). Näheres s. DIN 5499.

$H_{u,n}$: **Volumenbezogener Heizwert,** bei Gasen bezogen auf das Normvolumen*

> * Beachte: Der Index m steht nach DIN hier für molar, der Index n für Normvolumen.
> Nicht zu verwechseln mit m für Masse und n für Stoffmenge!

In der Physikalischen Chemie werden Reaktionsenergien *Verbrennungsenthalpien* genannt und als ΔH bezeichnet. Bei Berechnungen in der Technik ohne Vorzeichen.

AgZ: **Aggregatzustand** fl: flüssig, gf: gasförmig, kr: kristallin (fest)

Brennwerte und Heizwerte

Feste Brennstoffe

Brennstoff	Zusammensetzung, w in %					H_o
	C	H	O	N	S	kJ/kg
Holz, trocken	48···52	5,8···6,2	43···45	0,05···0,1		18 850···21 000
Torf, Modertorf	52···58	6···7	32···40	2···3	0,1···1	21 770···23 450
Braunkohle, erdige	65···70	5···8	18···30	0,5···1,5	0,5···3	25 950···26 800
Steinkohle						
Flammkohle	75···80	4,5···5,8	15···20	1···1,5	0,5···1,5	31 800···32 650
Gaskohle	82···86	5···5,5	8···12	1···1,5	0,5···1,5	34 750···36 000
Kokskohle	85···88	4,5···5,5	6···10	1···1,5	0,5···1,5	36 000···36 450
Magerkohle	90···94	3···4,5	3···4	1	0,5···1	≈36 450
Anthrazit	94···97	1···2,5	1···2	0,5···1	0,5	36 430···36 630

Flüssige Brennstoffe

Brennstoff	H_o kJ/kg	H_u kJ/kg
Benzin	46 680 ± 1465	42 495 ± 1465
Dieselöl	44 800 ± 420	41 960 ± 420
Flugbenzin	47 520 ± 630	42 495 ± 630
Kerosin		
Petroleum	42 915 ± 1050	39 820 ± 1050
Teeröl	39 360 ± 630	38 310 ± 630

Gasförmige Brennstoffe

Brennstoff	$H_{o,n}$ kJ/m³	$H_{u,n}$ kJ/m³
Erdgas	29 310 ± 37 680	25 120 ± 33 490
Generator- gas,	5 020 ± 5 440	4 815 ± 5 230
Luftgas		
Gichtgas	3 980 ± 4 190	3 930 ± 4 100
Kokereigas	17 580 ± 19 260	15 910 ± 17 580
Wassergas	10 890 ± 11 720	9 840 ± 10 680

Zum Vergleich:	Frei werdende Energie		
	kJ	=Steinkohle-einheiten SKE	≙Stein-kohle
Kernspaltung Vollständige Spaltung von 1 kg Uran $^{235}_{92}U$	$\approx 9 \cdot 10^{10}$	$\approx 3 \cdot 10^6$	≈ 2600 t
Kernfusion (Reaktion auf der Sonne) Z u k ü n f t i g (?) mit 1 kg Helium aus Deuterium nach $5\,^2_1H \rightarrow\,^4_2He + \,^3_2He + 2\,^1_0n + \,^1_1p$	$\approx 7,2 \cdot 10^{11}$	$\approx 2,5 \cdot 10^7$	$\approx 21\,000$ t
Sonnenenergie In Mitteleuropa höchstens 20 W/m² technisch nutzbar	29,3 MJ = 1 SKE ≙ 1 kg Steinkohle		
Bei 1 m² Solarzellen ($\eta = 12\%$) pro Sekunde	$< 0,02$ [kW]	$< 7 \cdot 10^{-7}$	$< 0,7$ mg

Verbrennungsenthalpien

Verbindung	Formel	AgZ	$\Delta H \lvert H_{0,m}$ *) kJ/mol	H_0 *) kJ/kg
Aceton, Propanon	$CH_3-CO-CH_3$	fl	$-1804,1$	$(-)\,31062$
Acetylen, Ethin	C_2H_2	gf	$-1300,5$	$(-)\,49950$
Ameisensäure	$HCOOH$	fl	$-270,0$	$(-)\,5866$
Anilin	C_6HNH_2	fl	$-3399,3$	$(-)\,36501$
Benzaldehyd	C_6H_5-CHO	fl	$-3536,2$	$(-)\,33320$
Benzoesäure	C_6H_5-COOH	kr	$-3229,7$	$(-)\,26446$
Benzol	C_6H_6	fl	$-3269,9$	$(-)\,41860$
Butan	C_4H_{10}	gf	$-2880,4$	$(-)\,49560$
Campher	$C_{10}H_{16}O$	kr	$-5907,6$	$(-)\,38805$
Cyclohexan	C_6H_{12}	fl	$-3922,5$	$(-)\,46610$
Diethylether	$(C_2H_5)_2O$	fl	$-2732,7$	$(-)\,36867$
1,4-Dioxan	$(C_2)_4O_2$	fl	$-2350,9$	$(-)\,26682$
Ethan	C_2H_6	gf	$-1560,9$	$(-)\,51910$
Ethanol	C_2H_5OH	fl	$-1367,7$	$(-)\,29688$
Ethylacetat	$CH_3COO-C_2H_5$	fl	$-2255,7$	$(-)\,29643$
Ethylen, Ethen	C_2H_4	gf	$-1411,9$	$(-)\,50330$
Essigsäure, Ethansäure	CH_3COOH	fl	$-872,1$	$(-)\,14522$
Glucose	$C_6H_{12}O_6$	kr	$-2817,7$	$(-)\,15640$
Glycerin, Propantriol	$CH_2OH-CHOH-CH_2OH$	fl	$-1666,3$	$(-)\,18093$
Glycerintrinitrat	$C_3H_5O_9N_3$	fl	$-1542,3$	$(-)\,6792$
Glykol, Ethandiol	$(CH_2OH)_2$	fl	$-1193,7$	$(-)\,19232$
Harnstoff	$CO(NH_2)_2$	kr	$-632,4$	$(-)\,10530$
Hexan	C_6H_{14}	fl	$-4165,9$	$(-)\,48340$
Kohlenstoffdisulfid	CS_2	fl	-1076	$(-)\,14134$
Kohlenstoffmonoxid	CO	gf	$-283,45$	$(-)\,10119$
Methan	CH_4	gf	$-890,91$	$(-)\,55530$
Methanol	CH_3OH	fl	$-727,1$	$(-)\,22692$
Methylacetat	$CH_3COO-CH_3$	fl	$-1596,0$	$(-)\,21544$
Naphthalin	$C_{10}H_8$	kr	$-5157,3$	$(-)\,40240$
Nitrobenzol	$C_6H_5NO_2$	fl	$-3099,9$	$(-)\,25179$
Octan	C_8H_{18}	fl	$-5474,24$	$(-)\,47923$
Oxalsäure, Ethandisäure	$(COOH)_2$	kr	$-251,6$	$(-)\,2794$
Phenol	C_6H_5OH	kr	$-2988,54$	$(-)\,31756$
Pikrinsäure	$C_6H_2-OH(NO_2)_3$	kr	$-2561,9$	$(-)\,9311$
Propan	C_3H_8	gf	$-2221,5$	$(-)\,50380$
Propanol	$CH_3-CH_2-CH_2OH$	fl	$-2018,9$	$(-)\,33592$
Propen, Propylen	C_3H_6	gf	$-2059,9$	$(-)\,48950$
Saccharose (Rübenzucker)	$C_{12}H_{22}O_{11}$	kr	$-5652,2$	$(-)\,16512$
Toluol	$C_6H_5-CH_3$	fl	$-3912,6$	$(-)\,42460$
Wasserstoff	H_2	gf	$-282,73$	$(-)\,140250$

*) Vom System abgegeben; in der Physikalischen Chemie mit negativem, in der Technik ohne Vorzeichen

5.4 Korrosionsbeständigkeit

Chemische Korrosion [lat. ‚Zernagen'] eines Werkstoffes (-stückes) ist oberflächige Reaktion mit Chemikalien und Luft (-sauerstoff wie -feuchtigkeit).

Elektrochemische Korrosion erfolgt in Feuchtigkeit durch Bilden von ‚Lokalelementen' zwischen Metallen von unterschiedlichem Potential, auch in Legierungen.

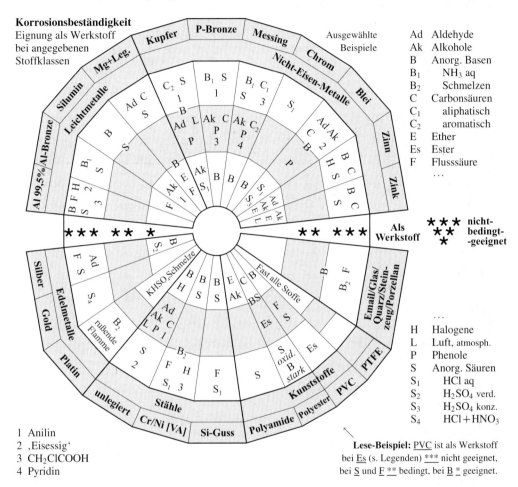

Korrosionsbeständigkeit
Eignung als Werkstoff
bei angegebenen
Stoffklassen

Ausgewählte
Beispiele

Ad Aldehyde
Ak Alkohole
B Anorg. Basen
B_1 NH$_3$ aq
B_2 Schmelzen
C Carbonsäuren
C_1 aliphatisch
C_2 aromatisch
E Ether
Es Ester
F Flusssäure
...

★★★ ★★ ★ **Als Werkstoff** ★★ ★★★

★★★ nicht-
★★ bedingt-
★ -geeignet

...

H Halogene
L Luft, atmosph.
P Phenole
S Anorg. Säuren
S_1 HCl aq
S_2 H_2SO_4 verd.
S_3 H_2SO_4 konz.
S_4 HCl + HNO$_3$

1 Anilin
2 ‚Eisessig'
3 CH$_2$ClCOOH
4 Pyridin

Lese-Beispiel: PVC ist als Werkstoff
bei Es (s. Legenden) ★★★ nicht geeignet,
bei S und F ★★ bedingt, bei B ★ geeignet.

5.5 Azeotrop siedende Gemische

Azeotrop siedende Flüssigkeitsgemische aus zwei (oder mehr) Komponenten erreichen bei der destillativen Trennung eine Gemischzusammensetzung, bei der aufsteigender Dampf und die Flüssigkeit die gleiche Zusammensetzung haben. Diese Zusammensetzung wird als azeotroper Punkt bezeichnet. Dabei sind zwei Fälle zu unterscheiden:

- Siedet das azeotrope Gemisch höher als die beiden reinen Komponenten, spricht man von einem azeotropen Gemisch mit Siedepunktmaximum.
- Siedet das azeotrope Gemisch niedriger als die beiden reinen Komponenten, spricht man von einem azeotropen Gemisch mit Siedepunktminimum.

ϑ_b: **Siedetemperaturen** der reinen Komponenten in °C
ϑ_b (aG):   **Gemeinsame Siedetemperatur** im azeotropen Gemisch in °C $\quad\left|\quad p = 1013,25 \text{ hPa}\right.$
w (Ko I/II): **Massenanteil** der Komponenten I und II im aG in %

Siedepunktmaximum

Komponente I		Komponente II		Azeotropes Gemisch		
	ϑ_b °C		ϑ_b °C	w (Ko I) %	w (Ko II) %	ϑ_b (aG) °C
Benzaldehyd	178	Phenol	182,2	49	51	185,6
Cyclohexan	80,8	Methanol	64,6	30	70	152,45
Salpetersäure (r. S.)	86[1])	Wasser	100	68,5	31,5	120,5
Salzsäure − HCl	−85	Wasser	100	20,2	79,8	108,5

Siedepunktminimum   [1]) unter Zersetzung

Komponente I		Komponente II		Azeotropes Gemisch		
	ϑ_b °C		ϑ_b °C	w (Ko I) %	w (Ko II) %	ϑ_b (aG) °C
1-Butanol	117,8	Wasser	100	62	38	92,4
Cyclohexanol	160,6	Anisol[1])	153	63	37	54,2
1,4-Dioxan	101,4	Heptan	98,4	44	56	93,7
Ethandiol Glykol	197,2	Anilin	184,4	24	76	180,55
Ethanol	78,37	Wasser	100	95,58[2])	4,42[2])	78,15
Ethansäure Essigsäure	118	Benzol	80,1	1,5	98,5	80,1
Kohlenstoffdisulfid	46,2	Pentan	36,0	10	90	35,7
Propanon Aceton	56,2	1-Chlorpropan	46,4	15	85	45,8
Tetrachlormethan	76,7	1-Propanol	97,4	88	12	72,8
Trichlormethan	61,2	Ethanol	78,37	94	7	59,4
Wasser	100	Phenol	182,2	90,8	9,2	99,6

[1]) Methylphenylether $CH_3-O-C_6H_5$ [2]) ϱ(aG) = 0,80263 g/mL; σ(Ko I) = 97,18 mL/100 mL

5.6   Explosionsgefährdete Gas/Luft-Gemische

Gas/Luft-Gemische sind dann explosionsgefährdet, wenn die Volumenkonzentration σ des Gases oder Dampfes zwischen unterer und oberer Explosionsgrenze liegt.

σ: **Volumenkonzentration** des Gases oder Dampfes in Luft in %
ϑ_x: **Selbstentzündungstemperatur** des explosiven Gemisches in °C

Gas, Dampf	Explosionsgrenze		ϑ_x	Gas, Dampf	Explosionsgrenze		ϑ_x
	untere σ %	obere σ %	°C		untere σ %	obere σ %	°C
Aceton, Propanon	2,15	13,0	604	Heptan	1	6	233
Ammoniak	16	27,0	780	Kohlenstoffmonoxid,	12,5	74,2	651
Benzin[1])	≈1	≈6	≈240	CO			
Benzol	1,4	8	580	Kohlenstoffdisulfid	1,0	50	124
Chlorethan	8,2	19,7		Methan	5,3	13,9	537
Chlormethan	3,6	14,8	538	Methanol	6,0	36,5	400
Diethylether	1,7	48	186	Propan	2,37	9,5	466
Erdgas[2])	≈5	≈14		Pyridin	1,8	12,4	573
Essigsäure	4,0		568	Wasserstoff	4,1	74,2	580
Ethan	3,12	15,0	510	Wasserstoffsulfid			
Ethanol	3,28	19	426	Schwefel-			
Ethin Acetylen	2,5	80	335	wasserstoff	4,3	45,3	

[1]) Gemisch unterschiedlicher Kohlenwasserstoffe   [2]) Gasgemisch; enthält ganz überwiegend Methan

6 Wärmelehre

6.1 Wärmeausdehnungskoeffizienten

α: **Linearer Ausdehnungskoeffizient** $\quad$ in $\dfrac{m}{m \cdot K} = K^{-1}$

γ: **Kubischer Ausdehnungskoeffizient** $\quad$ in $\dfrac{m^3}{m^3 \cdot K} = K^{-1}$

$$\gamma \approx 3\,\alpha$$

Ausdehnungskoeffizienten sind temperaturabhängig. Statt der Angabe eines Ausdehnungskoeffizienten bei einer bestimmten Temperatur wird oft ein mittlerer Ausdehnungskoeffizient ($\bar{\alpha}$, $\bar{\gamma}$) in einem bestimmten Temperaturbereich tabelliert.

ϑ: **Temperatur** bzw. **Temperaturbereich** in °C

Lösemittel siehe 9.1 Seite 48

Metalle siehe 6.7 Seite 41

Legierungen Ausgewählte Beispiele [1])

Gase: Bei allen Gasen $\gamma \approx \dfrac{1}{273}\ K^{-1}$

$\vartheta = 0\ °C, p = \text{konst.}$ $\boxed{K\,2}$

Legierung Zusammensetzung w in %	α K^{-1}	ϑ °C	Legierung Zusammensetzung w in %	α K^{-1}	ϑ °C
Stähle [2])			Al-Bronze		
Gussstahl			95 Cu, 5 Al	$14{,}2 \cdot 10^{-6}$	$20 \cdots 90$
3,15 C, 1,12 Si, 0,11 S	$14{,}1 \cdot 10^{-6}$	$20 \cdots 500$	Antimonblei		
3,8 C, 0,1 Si, 0,1 Mn	$9{,}0 \cdot 10^{-6}$	$20 \cdots 100$	93 Pb, 7 Sb	$32{,}6 \cdot 10^{-6}$	$25 \cdots 250$
	$12{,}5 \cdot 10^{-6}$	$20 \cdots 600$	Bronze [6])		
Al-Stahl			86,3 Cu, 9,7 Sn,	$17{,}82 \cdot 10^{-6}$	40
2,2 Al, 0,1 Mn, 0,1 C,	$12{,}7 \cdot 10^{-6}$	$20 \cdots 100$	4,0 Zn		
0,1 Si	$13{,}5 \cdot 10^{-6}$	$20 \cdots 500$	Konstantan		
Cr-Stahl			60 Cu, 40 Ni	$12{,}22 \cdot 10^{-6}$	$-191 \cdots 16$
13,0 Cr, 0,3 $\cdots$ 0,4 C	$12{,}2 \cdot 10^{-6}$	$20 \cdots 100$	Magnalium		
23,0 Cr, 2,0 Al, 1,0 Si,	$13{,}0 \cdot 10^{-6}$	$0 \cdots 500$	85,9 Al, 12,7 Mg,	$23{,}8 \cdot 10^{-6}$	$12 \cdots 39$
<0,1 Mn		$0 \cdots 1000$	Rest Si, Fe, Cu		
Mn-Stahl			Mangal		
4,20 Mn, 0,09 C,	$12{,}9 \cdot 10^{-6}$	$20 \cdots 100$	98,5 Al, 1,5 Mn	$23 \cdot 10^{-6}$	$20 \cdots 200$
0,04 Si			Manganin		
Ni-Stahl			85 Cu, 12 Mn, 2 Ni	$18{,}1 \cdot 10^{-6}$	$20 \cdots 200$
34,52 Ni, 0,14 C	$3{,}7 \cdot 10^{-6}$	$25 \cdots 100$	Messing [7])		
	$13{,}6 \cdot 10^{-6}$	$25 \cdots 600$	71,5 Cu, 27,7 Zn,	$18{,}59 \cdot 10^{-6}$	40
36 Ni [3])	$-0{,}04 \cdot 10^{-6}$	12	0,3 Sn, 0,5 Pb		
	$-0{,}04 \cdot 10^{-6}$	100	Neusilber		
32,5 Ni, 4,0 Ci [4])	$1 \cdot 10^{-6}$	20	44 Cu, 30 Zn, 36 Ni	$18{,}1 \cdot 10^{-6}$	$20 \cdots 100$
Si-Stahl			P-Bronze		
1,68 Si, 3,08 C	$8{,}4 \cdot 10^{-6}$	$25 \cdots 100$	95,5 Cu, 4,3 Sn,	$18{,}90 \cdot 10^{-6}$	
	$11{,}6 \cdot 10^{-6}$	$25 \cdots 300$	0,2 P		
Cr-Ni-Stahl			Pb-Lot		
$\approx$18,0 Cr, $\approx$8,0 Ni,	$16 \cdot 10^{-6}$	$0 \cdots 100$	67 Pb, 33 Sn	$25{,}0 \cdot 10^{-6}$	$0 \cdots 100$
$\approx$0,5 Si, $\approx$0,50 Mn,	$17{,}5 \cdot 10^{-6}$	$0 \cdots 300$			
$\approx$0,12 C [5])	$18{,}5 \cdot 10^{-6}$	$0 \cdots 500$			

[1]) Es sind weit über zehntausend Gebrauchslegierungen auf dem Markt
[2]) Fe-Gehalt wird nicht angegeben $\qquad$ [3]) Indilatans extra (Krupp) $\qquad$ [4]) Supra-Invar
[5]) nichtrostend, säurebeständig $\qquad$ [6]) Bei Bronzen stark unterschiedliche Verhältnisse Cu : Sn
[7]) Bei Messing stark unterschiedliche Verhältnisse Cu : Zn; Cu-reiches Messing auch Tombak

Werkstoffe von Laborgeräten

Werkstoff	α K^{-1}	ϑ °C
Gläser Ar-Glas®	$9{,}0 \cdot 10^{-6}$	$20 \cdots 300$
Duran®	$3{,}25 \cdot 10^{-6}$	$20 \cdots 300$
Fiolax®	$4{,}9 \cdot 10^{-6}$	$20 \cdots 300$
Thermometerglas		
Schott-Normalglas®	$8{,}7 \cdot 10^{-6}$	$20 \cdots 300$
Supremax®[1])	$4{,}1 \cdot 10^{-6}$	$20 \cdots 300$
Quarzglas	$0{,}5 \cdot 10^{-6}$	$20 \cdots 200$
Porzellan, Berliner	$3{,}77 \cdot 10^{-6}$	$20 \cdots 100$
	$5{,}92 \cdot 10^{-6}$	$20 \cdots 1200$

[1]) hochschmelzend

Wasser

ϑ in °C	120	160	200	240	300	350
γ in K^{-1}	$84 \cdot$	$108 \cdot$	$137 \cdot$ $\cdot 10^{-5}$	$183 \cdot$	$339 \cdot$	$\approx 980 \cdot$

Wässrige Lösungen

Gelöster Stoff	γ in K^{-1}		$\vartheta \approx 20$ °C
HCl	$w = 10\%$ $32 \cdot 10^{-5}$	$w = 20\%$ $45 \cdot 10^{-5}$	$w = 36\%$ $70 \cdot 10^{-5}$
H_2SO_4	$w = 10\%$ $39 \cdot 10^{-5}$	$w = 40\%$ $75 \cdot 10^{-5}$	$w = 90\%$ $108 \cdot 10^{-5}$
			$w = 96\%$ $102 \cdot 10^{-5}$
HNO_3	$w = 10\%$ $31 \cdot 10^{-5}$	$w = 30\%$ $69 \cdot 10^{-5}$	$w = 68\%$ $136 \cdot 10^{-5}$
NaOH	$w = 10\%$ $43 \cdot 10^{-5}$	$w = 20\%$ $53 \cdot 10^{-5}$	$w = 36\%$ $60 \cdot 10^{-5}$
Salze, z. B. KCl, KNO_3, $MgSO_4$, Na_2CO_3, NaCl, $NaNO_3$, $(NH_4)_2SO_4$	$w = 2\%$ $\approx 20 \cdot 10^{-5} \cdots$ $\approx 30 \cdot 10^{-5}$ **gesättigte Lösung** $\approx 40 \cdot 10^{-5} \cdots$ $\approx 60 \cdot 10^{-5}$		

6.2 Dichte von Wasser ⇔ Temperatur

ϑ °C	ϱ g/mL	ϑ °C	ϱ g/mL	ϑ °C	ϱ g/mL	ϑ °C	ϱ g/mL	ϑ °C	ϱ g/mL
0	0,999840	10	0,999699	20	0,998203	30	0,995645	50	0,98805
1	0,999899	11	0,999604	21	0,997991	32	0,995024	55	0,98570
2	0,999940	12	0,999497	22	0,997769	34	0,994370	60	0,98321
3	0,999964	13	0,999376	23	0,997537	36	0,993688	65	0,98057
4	0,999972	14	0,999243	24	0,997295	38	0,992969	70	0,97779
5	0,999964	15	0,999099	25	0,997043	40	0,992219	75	0,97486
6	0,000040	16	0,998942	26	0,996782	42	0,99144	80	0,97183
7	0,999901	17	0,998773	27	0,996531	44	0,99033	85	0,96862
8	0,999848	18	0,998595	28	0,996231	46	0,98980	90	0,96532
9	0,999780	19	0,998403	29	0,995943	48	0,98894	95	0,96189
								100	0,95835

6.3 Dichte von Quecksilber ⇔ Temperatur

ϑ °C	ϱ g/cm³	ϑ °C	ϱ g/cm³	ϑ °C	ϱ g/cm³	ϑ °C	ϱ g/cm³	ϑ °C	ϱ g/cm³
-20	13,6446	4	13,5852	28	13,5261	54	13,4626	110	13,328
-18	13,6396	6	13,5802	30	13,5212	56	13,4577	120	13,304
-16	13,6346	8	13,5753	32	13,5163	58	13,4528	130	13,280
-14	13,6297	10	13,5704	34	13,5114	60	13,4480	140	13,256
-12	13,6247	12	13,5654	36	13,5065	62	13,4431	150	13,232
-10	13,6198	14	13,5605	38	13,5016	65	13,4358	160	13,208
-8	13,6148	16	13,5556	40	13,4967	70	13,4237	170	13,184
-6	13,6099	18	13,5507	42	13,4918	75	13,4116	180	13,160
-4	13,6049	20	13,5457	44	13,4862	80	13,3995	190	13,137
-2	13,6000	22	13,5408	46	13,4821	85	13,3874	200	13,113
0	13,5951	24	13,5359	48	13,4772	90	13,3753	220	13,065
2	13,5901	26	13,5310	50	13,4723	95	13,3633	240	13,018
				52	13,4674	100	13,3512	260	12,970

6.4 Dampfdruck von Wasser ⇔ Temperatur

Zur *Siede*temperatur ϑ gehörender Druck p des gesättigten Wasserdampfes

ϑ °C	p mbar	ϑ °C	p mbar	ϑ °C	p mbar	ϑ °C	p mbar	ϑ °C	p bar	ϑ °C	p bar
−30	0,373	8	10,73	25	31,67	65	250,03	101	1,049	160	6,18
−25	0,628	10	12,28	26	33,61	70	311,06	103	1,127	170	7,92
−20	1,029	12	14,02	28	37,80	75	385,4	105	1,208	180	10,03
−15	1,650	14	15,98	30	42,43	80	473,4	110	1,433	200	15,55
−10	2,594	15	17,05	35	56,22	85	578,1	115	1,690	220	23,20
− 5	4,010	16	18,18	40	73,76	90	700,94	120	1,985	240	33,48
0	6,105	18	20,63	45	95,83	95	845,12	125	2,321	270	55,05
2	7,058	20	23,11	50	123,33	97	909,34	130	2,701	300	85,2
4	8,134	22	26,43	55	157,37	99	977,56	140	3,614	350	165,4
6	9,350	24	29,83	60	199,15	100	1013,25	150	4,760		

6.5 Kalorische Daten von Wasser

Molare Masse: $M = 18,0153$ g/mol		**Schmelztemperatur:** $\vartheta_m = 0$ °C	1013,25 hPa Definition
Dampfdruck: s. 6.4, oben		**Siedetemperatur:** $\vartheta_b = 100$ °C	

Dichte: $\varrho_{\text{flüssig}}$ s. 6.2, S. 38 ←
Maximum bei +4 °C
ϱ_{Eis} <0,9998 g/cm³
$\varrho_{\text{Dampf}} = 0,597$ g/L
100 °C, 1013,25 mbar
siehe auch ‚Wasserdampf'
6.6 S. 41

Kubischer Wärmeausdehnungskoeffizient:
$\gamma_{\text{flüssig}} = 18 \cdot 10^{-5}$ K^{-1} 20 °C
$= 75 \cdot 10^{-5}$ K^{-1} 100 °C
$\bar{\gamma}_{\text{flüssig}} = 43 \cdot 10^{-5}$ K^{-1} 0 °C · · · 100 °C
$\gamma_{\text{flüssig}}$ S. 38 ↘ unter Druck >100 °C
$\gamma_{\text{Eis}} = 21,3 \cdot 10^{-5}$ K^{-1} −5 °C · · · 0 °C

Volumenzuwachs { bei Gefrieren: auf $1,09 \cdot V$ 0 °C
{ bei Verdampfen: auf $1605 \cdot V$ 100 °C

Wärmekapazität, $c_{\text{flüssig}} = 75,426$
Molare I $c_{\text{Eis}} = 37,8$
Spezifische: $c_{p\,\text{Dampf}} \approx 36,2$ } $\dfrac{\text{J}}{\text{mol} \cdot \text{K}}$

$\stackrel{\wedge}{=} 4,1868$
$\stackrel{\wedge}{=} \approx 2,1$
$\stackrel{\wedge}{=} \approx 2,0$ } $\dfrac{\text{J}}{\text{g} \cdot \text{K}}; \dfrac{\text{kJ}}{\text{kg} \cdot \text{K}}$
$\approx 1,5$ kJ/(m³ · K)

14,5 ↔ 15,5 °C
−5 °C
bis 500 °C

Schmelzwärme,
Verdampfungswärme,   **Molare I Spezifische:**
$q = 6,034$ kJ/mol $\stackrel{\wedge}{=} 334,94$ kJ/kg
$r = 40,65$ kJ/mol $\stackrel{\wedge}{=} 2256,7$ kJ/kg

Brechzahl $n_D^{20} = 1,333$	**Oberflächenspannung:** $\sigma = 72,75 \cdot 10^{-3}$ N/m 20 °C
Dielektrizitätskonstante: $\varepsilon = 81,1$ F · m^{-1} bei $\vartheta = 18$ °C und Wellenlänge $\lambda > 10^4$ cm	**Schweres Wasser D$_2$O** in natürlichem Wasser: $w = 0,189\%$ (Mit Nuklid $_1^2$H, Deuterium D, Proton + Neutron)
Ionenprodukt: Seite 24	**Tripelpunkt:** 0,010 °C = 273,16 K bei 6,09 mbar Definition Temperatur-Grad
Kompressibilitätskoeffizient: $k = 47 \cdot 10^{-6}$ bar^{-1} 20 °C	**Viskosität:** Seite 32
Kritische Dichte: 0,315 g/mL **Kritischer Druck:** 220,4 bar **Kritische Temperatur:** 374,15 °C, = 647,30 K	**Wärmeleitzahl:** $\lambda = 0,597$ $\dfrac{\text{J}/(\text{s} \cdot \text{m} \cdot \text{K})}{\text{W} \cdot \text{m}^{-1} \cdot \text{K}^{-1}}$ bei 20 °C

6.6   Kalorische Daten von Gasen und leichtflüchtigen Stoffen

c_p: **Spezifische Wärmekapazität** im $J \cdot g^{-1} \cdot K^{-1}$
$p = \text{konst.} = 1013{,}25$ hPa, (meist) $\vartheta = 0\ °C$ (Nz)

ϑ_m: **Schmelztemperatur** in °C $\left. \right| p = 1013{,}25$ hPa
ϑ_b: **Siedetemperatur** in °C

Θ: **Kritische Temperatur** in °C

Π: **Kritischer Druck** in bar

ϱ: **Dichte** bei Gasen im Normzustand in g/L
  • bei leichtflüchtigen Stoffen **20 °C in g/mL**

$V_{m,n}$: **Molares Volumen** im Normzustand in L/mol
λ: **Wärmeleitzahl** in $W \cdot m^{-1} \cdot K^{-1}$
Wärmeausdehnungskoeffizient γ

Berechnete oder angenommene Werte sind *kursiv* gesetzt

Stoff	Formel	c_p J/(g·K)	ϑ_m °C	ϑ_b °C	Θ °C	Π bar	ϱ g/L	$V_{m,n}$* L/mol
Ammoniak	NH_3	2,056	−77,7	−33,4	132,4	113,8	0,7714	22,078
Argon	Ar	0,607	−189,4	−185,8	−122,4	48,6	1,7839	22,395
Buta-1,3-dien	C_4H_6	2,244	−108,9	4,75	152	43,3	2,4787	21,823
Butan	C_4H_{10}	1,432	−135	−0,5	152,0	38,0	2,7032	21,275
Chlor	Cl_2	0,473	−101,0	−34,7	144	77,1	3,214	22,064
Ethan	C_2H_6	1,645	−172	−88,5	32,1	48,8	1,3562	22,166
Bromethan	C_2H_5Br	0,808	−119	38,3	230,8	62,3	•1,4708	
Chlorethan	C_2H_5Cl	1,671	−142,5	13,1	189	52,4		
Ethen Ethylen	C_2H_4	1,474	−170	−103,9	9,5	50,7	1,2604	22,258
Ethin Acetylen	C_2H_2	1,629	−80,8	−84,03[1])	35,5	62,4	1,1747	22,166
Ethylamin	$C_2H_5NH_2$	2,889	−83,3	16,6	183,2	56,2	•0,7057	
Fluor	F_2	0,829	−219,6	−188,2	−129	55,7	1,696	22,406
Helium	He	5,192	−269,7	−268,9	−268,0	2,3	0,1758	22,430
Kohlenstoffmonoxid	CO	1,038	−205,1	−191,6	−140,2	35,0	1,2500	22,408
Kohlenstoffdioxid	CO_2	0,833	−56,6	−78,5[1])	31,0	73,8	1,9769	22,263
Krypton	Kr	0,247	−157,3	−152	−63,8	54,9	3,74	22,382
Luft[2]) $\quad M = 28{,}96\ g/mol$		1,005[3])	−213	−194,5	−140,7	38,9	1,2929	22,47
Methan	CH_4	2,173	−184	−164	−82,5	46,4	0,7168	22,381
Chlormethan	CH_3Cl	0,741	−97,4	−23,7	143	66,7	2,3075	22,077
Dichlormethan	CH_2Cl_2	0,585	−96,0	40,67	235,4	60,8	•1,336	
Trichlormethan	$CHCl_3$	0,942	−63,5	61,2	−100	55,6	•1,4817	22,598
Methanal Formaldehyd	CH_2O	1,160	−92	−21	−81		1,39	22,37
Methylamin	CH_3NH_2	3,282	−92,5	−6,5	156,9	74,6	1,396	22,249
Methylpropan Isobutan	C_4H_{10}	0,549	−145	−10,2	135	36,5	2,6467	21,961
Neon	Ne	1,030	−248,6	−246,0	−228,8	27,3	0,8999	22,426
Ozon	O_3		−192,5	−111,5	−5	93,5	2,144	22,388
Phosphan, Phosphin	PH_3		−138,8	−87,8	51,9	65,4	0,7714	22,078
Propan	C_3H_8	1,511	−189,9	−44,5	96,8	42,6	2,0196	21,943
Propen	C_3H_6	1,403	−185,2	−47,0		46,2	1,9149	21,976
Sauerstoff	O_2	0,917	−218,8	−182,9	−118,3	52,1	1,4290	22,394
Schwefeldioxid	SO_2	0,607	−75,5	−10,02	157,5	81,5	2,9262	21,894
Silan	SiH_4		−186,4	−111,4	−3,5	48,4	1,44	22,306
Stickstoff	N_2	1,038	−210,0	−195,8	−146,9	35,1	1,2505	22,405
Stickstoff(I)-oxid	N_2O	0,590	−90,81	−88,47	36,4	37,7	1,9804	22,226
Stickstoff(II)-oxid	NO		−163,6	−151,8	−92,9	117,0	1,3402	22,391
Stickstoff(IV)-oxid	NO_2[4])		−11,2	21,1	158,2	101,3		

[1]) sublimiert

[3]) c_v: bei 20 °C | 0,715 |
[4]) $2\,NO_2 \rightleftharpoons N_2O_4$

[2]) Bestandteile trockener atmosphärischer Luft – Meereshöhe

	N_2	O_2	Ar···	CO_2
σ in %:	78,09	20,95	0,93	0,03
w in %:	75,51	23,16	1,28	0,05

Steigender CO_2-Gehalt durch Verbrennung fossiler Brennstoffe

* Zum Vergleich:
$V_{m,n}$ (ideales Gas) = 22,41384 L/mol

Edelgase: $\sigma \approx 0{,}90\%$ Ar • 0,016% Ne • 0,010% Kr • 0,004% He • 0,001% Xe • Spuren Rn

Stoff	Formel	c_p J/(g·K)	ϑ_m °C	ϑ_b °C	Θ °C	Π bar	ϱ g/L	$V_{m,n}$ L/mol
Wasserdampf trocken	H_2O	2,04[1])	0	100	374,15	220,4	0,768[2])	23,46
Wasserstoff	H_2	14,240	−259,2	−252,7	−239,9	13,0	0,0899	22,427
Wasserstoffbromid	HBr	0,360	−86,9	−66,7	89,9	88,2	3,6443	22,206
Wasserstoffchlorid Chlorwasserstoff	HCl	0,795	−114,2	−85,0	51,5	82,6	1,6392	22,246
Wasserstoffsulfid	H_2S	0,996	−85,7	−60,2	100,4	90,1	1,5362	22,186
Xenon	Xe	0,158	111,9	108,0	16,6	59,0	5,896	22,269

λ: **Wärmeleitzahl** in $W \cdot m^{-1} \cdot K^{-1}$, temperatur- und druckabhängig.
Als Anhaltswerte gelten zwischen −50 °C ⋯ 200 °C für
anorganische Gase[3]): I 0,003 ⋯ 0,037 I,   **organische Gase:** I 0,005 ⋯ 0,034 I

[1]) 1 bar, 100 °C   [2]) 1013,25 hPa bei 0 °C; bei 100 °C ϱ = 0,597 g/L   [3]) Extrem bei H_2 I 0,15 ⋯ 0,27 I

6.7   Kalorische Daten von Metallen

Schmelztemperatur ϑ_m, Siedetemperatur ϑ_b, Dichte ϱ und Molare Masse M siehe 1.2 S. 2 ⋯ 5.
c: **Spezifische Wärmekapazität** in J/(g·K)   ⎫ **Molare Werte:**
q: **Spezifische Schmelzwärme** (Schmelzenthalpie) in J/g   ⎬ Tabellenwert × M
r: **Spezifische Verdampfungswärme** (Verdampfungsenthalpie) in J/g ⎭ mit mol statt **g**
α: **Linearer Wärmeausdehnungskoeffizient** in $m/m \cdot K^{-1}$ Vgl. 6.1 S. 37
λ: **Wärmeleitzahl** (Wärmeleitfähigkeit) in $J \cdot s^{-1} \cdot m^{-1} \cdot K^{-1}$ oder $W \cdot m^{-1} \cdot K^{-1}$

Metall	c $J \cdot g^{-1} \cdot K^{-1}$	q J/g	r J/g	α K^{-1}	λ $W \cdot m^{-1} \cdot K^{-1}$	bei °C
Aluminium	0,9021	396,6	10885	23,86 · 10⁻⁶	238	0
Antimon	0,2089	167,6	1053	11,0 · 10⁻⁶	18,5	
Barium	0,1919	55,8	1098,7	19,9 · 10⁻⁶	−	
Beryllium	1,824	1387	32622	12,3 · 10⁻⁶	168	25
Bismut	0,1224	52,16	724,95	13,5 · 10⁻⁶	8,1	18
Blei	0,1294	23,03	866,4	29,4 · 10⁻⁶	35,2	0
Cadmium	0,232	56,94	888,5	29,4 · 10⁻⁶	96	0
Calcium	0,6577	216,1	3742,5	25,2 · 10⁻⁶	−	
Chrom	0,4529	280,8	6712,0	6,6 · 10⁻⁶	69	−
Cobalt	0,4184	259,6	4802	12,6 · 10⁻⁶	69	0 ⋯ 100
Eisen	0,449	277,5	6338,7	11,5 · 10⁻⁶	72,4	30
Gold	0,12	64,83	1647,0	14,2 · 10⁻⁶	314	0
Kalium	0,7547	59,59	1982	84 · 10⁻⁶	97	20
Kupfer	0,3859	204,6	4784,4	16,8 · 10⁻⁶	398	0
Lithium	3,380	433,7	21337	56,0 · 10⁻⁶	71	
Magnesium	1,026	368,2	5422,7	26,0 · 10⁻⁶	171	25
Mangan	0,479	265,7	4092	23,0 · 10⁻⁶	29,7	−
Molybdaen	0,248	287,7	6191,4	5,1 · 10⁻⁶	142	0
Natrium	1,2275	113,2	3873	71 · 10⁻⁶	138	0
Nickel	0,4437	303,0	6483	13 · 10⁻⁶	60,5	50
Platin	0,1327	111,2	2291,3	9,09 · 10⁻⁶	71	0
Quecksilber[1])	0,1395	11,44	294,68	182 · 10⁻⁶ γ	8,1	0
Silber	0,2364	104,47	2354,7	19,3 · 10⁻⁶	418	0
Tantal	0,1393	173,53	4161,4	6,5 · 10⁻⁶	54,5	20
Titan	0,5219	323,6	8977	8,35 · 10⁻⁶	15,5	20
Uran	0,1153	82,76	1730,9	15,3 · 10⁻⁶	24	0
Wolfram	0,1310	191,5	4345,9	4,5 · 10⁻⁶	130	20
Zink	0,3886	111,37	1754,6	83,3 · 10⁻⁶	113	20
Zinn	0,2221	59,57	2446,7	27 · 10⁻⁶	63	0

[1]) angegeben ist der Kubische Ausdehnungskoeffizient

6.8 Bildungsenthalpien

ΔH: **Bildungsenthalpie** („Wärmetönung") mit Vorzeichen ·   Vom System aus gesehen
      – Exotherme Reaktion (Wärmeabgabe)   + Endotherme Reaktion (Wärmeaufnahme)

Reaktion			ΔH kJ/mol
2 Al	$+\frac{3}{2}O_2$	$\rightarrow Al_2O_3$	-1675
2 As	$+\frac{3}{2}O_2$	$\rightarrow As_2O_3$	$-\ 656{,}5$
B	$+\frac{3}{2}F_2$	$\rightarrow BF_3$	-1110
2 B	$+\frac{3}{2}O_2$	$\rightarrow B_2O_3$	-1264
Ba	$+\frac{1}{2}O_2$	$\rightarrow BaO$	$-\ 556{,}7$
Ba	$+O_2$	$\rightarrow BaO_2$	$-\ 629$
C	$+2Cl_2$	$\rightarrow CCl_4$	$-\ 106{,}8$
C	$+\frac{1}{2}O_2$	$\rightarrow CO$	$-\ 110{,}6$
C	$+O_2$	$\rightarrow CO_2$	$-\ 393{,}5$
Ca	$+2C$	$\rightarrow CaC_2$	$-\ 62{,}8$
Ca	$+\frac{1}{2}O_2$	$\rightarrow CaO$	$-\ 636$
2 Cr	$+\frac{3}{2}O_2$	$\rightarrow Cr_2O_3$	-1141
Cr	$+\frac{3}{2}O_2$	$\rightarrow CrO_3$	$-\ 594{,}5$
Cu	$+Cl_2$	$\rightarrow CuCl_2$	$-\ 223{,}6$
2 Cu	$+\frac{1}{2}O_2$	$\rightarrow Cu_2O$	$-\ 170{,}8^{\,1)}$
Cu	$+\frac{1}{2}O_2$	$\rightarrow CuO$	$-\ 165{,}3$
Cu	$+S$	$\rightarrow CuS$	$-\ 48{,}6$
Fe	$+\frac{1}{2}O_2$	$\rightarrow FeO$	$-\ 266{,}9$
2 Fe	$+\frac{3}{2}O_2$	$\rightarrow Fe_2O_3$	$-\ 822{,}5$
3 Fe	$+2O_2$	$\rightarrow Fe_3O_4$	-1117
Fe	$+S$	$\rightarrow FeS$	$+\ 97{,}1$
$\frac{1}{2}H_2$	$+\frac{1}{2}Br_2$	$\rightarrow HBr$	$-\ 32{,}8$
$\frac{1}{2}H_2$	$+\frac{1}{2}Cl_2$	$\rightarrow HCl$	$-\ 91{,}7$
$\frac{1}{2}H_2$	$+\frac{1}{2}F_2$	$\rightarrow HF$	$-\ 286{,}6$
$\frac{1}{2}H_2$	$+\frac{1}{2}I_2$	$\rightarrow HI$	$+\ 25{,}5$
H_2	$+\frac{1}{2}O_2$	$\rightarrow H_2O$ (fl.)	$-\ 286{,}0$
H_2	$+O_2$	$\rightarrow H_2O_2$	$-\ 136{,}1$
H_2	$+S$	$\rightarrow H_2S$	$-\ 22{,}2$
H_2	$+Se$	$\rightarrow H_2Se$	$+\ 77{,}4$
Hg	$+\frac{1}{2}O_2$	$\rightarrow HgO$ (gelb)	$-\ 90{,}2$

Reaktion			ΔH kJ/mol
2 K	$+\frac{1}{2}O_2$	$\rightarrow K_2O$	$-\ 360{,}9$
Mg	$+\frac{1}{2}O_2$	$\rightarrow MgO$	$-\ 602$
$\frac{1}{2}N_2$	$+\frac{3}{2}H_2$	$\rightarrow NH_3$	$-\ 46{,}2$
N_2	$+2H_2$	$\rightarrow N_2H_4$	$+\ 95{,}2$
N_2	$+\frac{1}{2}O_2$	$\rightarrow N_2O$	$+\ 82{,}3$
$\frac{1}{2}N_2$	$+\frac{1}{2}O_2$	$\rightarrow NO$	$+\ 90{,}4$
$\frac{1}{2}N_2$	$+O_2$	$\rightarrow NO_2$	$+\ 33{,}3$
Na	$+\frac{1}{2}Br_2$	$\rightarrow NaBr$	$-\ 363{,}1$
Na	$+Cl_2$	$\rightarrow NaCl$	$-\ 411{,}7$
Na	$+\frac{1}{2}F_2$	$\rightarrow NaF$	$-\ 596{,}2$
Na	$+\frac{1}{2}I_2$	$\rightarrow NaI$	$-\ 289{,}9$
2 Na	$+\frac{1}{2}O_2$	$\rightarrow Na_2O$	$-\ 430{,}6$
2 Na	$+O_2$	$\rightarrow Na_2O_2$	$-\ 510{,}9$
O_2	$+\frac{1}{2}O_2$	$\rightarrow O_3$	$+\ 144{,}4$
4 P	$+5O_2$	$\rightarrow P_4O_{10}{}^{1)}$	-3096
S	$+O_2$	$\rightarrow SO_2$	$-\ 296{,}9$
S	$+\frac{3}{2}O_2$	$\rightarrow SO_3$ (gasf.)	$-\ 395{,}4$
		(fl.)	$-\ 462{,}6$
Si	$+2Cl_2$	$\rightarrow SiCl_4$	$-\ 596{,}6$
Si	$+2H_2$	$\rightarrow SiH_4$	$-\ 36{,}4$
Si	$+O_2$	$\rightarrow SiO_2$	$-\ 851{,}2$
Zn	$+\frac{1}{2}O_2$	$\rightarrow ZnO$	$-\ 349{,}6$
$\frac{1}{2}Br_2$		$\rightarrow Br$	$+\ 75{,}5$
$\frac{1}{2}Cl_2$		$\rightarrow Cl$	$+\ 121{,}2$
$\frac{1}{2}F_2$		$\rightarrow F$	$+\ 133{,}5$
$\frac{1}{2}H_2$		$\rightarrow H$	$+\ 217{,}5$
$\frac{1}{2}I_2$		$\rightarrow I$	$+\ 75{,}5$
$\frac{1}{2}N_2$		$\rightarrow N$	$+\ 471$
$\frac{1}{2}O_2$		$\rightarrow O$	$+\ 246{,}4$

In der Literatur auch stärker abweichende Werte $^{1)}\mathrel{\widehat{=}} 2P_2O_5$

6.9 Wärmedurchgang

bei indirekter Heizung oder Kühlung eines Stoffes

Pro Sekunde zwischen 2 strömenden Medien durch eine ebene Wand [*mit Belägen*] ausgetauschte Wärmemenge $\frac{Q}{t}$:

$$\Phi = k \cdot A_{1,2} \cdot \Delta\vartheta$$

als **Wärmestrom** in $\frac{J}{s}$

als **Wärmeleistung** in W

$$\frac{1\,J}{1\,s} = \frac{1\,W \cdot s}{1\,s} = 1\,W$$

$A_{1,2}$:   Austauschflächen in mm^2

$\Delta\vartheta$:   Temperaturdifferenz in K

k: **Wärmedurchgangszahl** in $W \cdot m^{-2} \cdot K^{-1}$

$$k = \cfrac{1}{\dfrac{1}{\alpha_1} + \dfrac{s}{\lambda}\left[\dfrac{s_1}{\lambda_1} + \dfrac{s_2}{\lambda_2} + \cdots\right] + \dfrac{1}{\alpha_2}}$$

[*Wandbeläge*]

- Wärmeübergang Medium 1 → Wand
  α_1: Wärmeübergangszahl Medium 1 in $W \cdot m^{-2} \cdot K^{-1}$
- Wärmeleitung im Wandmaterial [*im Material der Beläge*]
  s: Wanddicke [*Belagdicken*] in m
  λ: Wärmeleitzahl des Wandmaterials [*der Belagmaterialien*] in $W \cdot m \cdot m^{-2} \cdot K^{-1} = W \cdot m^{-1} \cdot K^{-1}$

  Berücksichtige bei $\Delta\vartheta$ das jeweilige Temperaturgefälle in den Einzelschichten!

- Wärmeübergang Wand → Medium 2
  α_2: Wärmeübergangszahl → Medium 2

Wärmedurchgangszahlen k werden mit vorstehender Formel für den Einzelfall aus Messwerten berechnet. – Die Tabelle unten zeigt Rahmenwerte auf.

Wärmedurchgang

Beispiele
Rahmenwerte

Medium 1	Wand + Beläge	Medium 2	Wärmedurchgangszahl k $W \cdot m^{-2} \cdot K^{-1}$
Flüssigkeit, Wasser		Gas Konvektion natürlich	$6 \cdots 12$
		erzwungen	$12 \cdots 60$
		Flüssigkeit laminar [1])	$55 \cdots 300$
		turbulent [2])	$280 \cdots 910$
		in dünner Schicht	bis 2300
		siedend	$34 \cdots 570$
Dämpfe anorg. u. organisch		Flüssigkeit, Wasser	$110 \cdots 800$
Wasserdampf		Flüssigkeit	$560 \cdots 2850$
Gas		Gas	$3 \cdots 35$

Reynolds-Zahl $Re = \dfrac{v}{\nu} \, \textcircled{d_1}$ ohne Einheit, s. $\boxed{56}$

$v =$ Strömungsgeschwindigkeit
$\nu =$ Viskosität
[1]) $Re < 2300$ [2]) $Re > 10000$

Wärmeübergang

Näherungswerte

Medium	Wärmeübergangszahl α $W \cdot m^{-2} \cdot K^{-1}$
Wasser	
ruhend	570
strömend	$570 + 2050 \sqrt{v}$ *)
siedend	$4550 \cdots 6820$
Wasserdampf	
kondensierend	11350
Heißdampf, Gase, Luft, Dampf organischer Substanzen	
ruhend	$2,2 \cdots 9,1$
strömend	$2,2 + 11,4 \sqrt{v}$ *)

*) v: Strömungsgeschwindigkeit in $m \cdot s^{-1}$

Wärmeleitung

bei 20 °C

Stoff	Wärmeleitzahl λ $W \cdot m^{-1} \cdot K^{-1}$
Beton, Poren-	$\approx 0,4$
Stahl-	$\approx 1,6$
Gase, Dämpfe	
anorganisch	$0,005 \cdots 0,171$ *)
organisch	$0,008 \cdots 0,018$
Glas	$2,7 \cdots 5,5$
Glaswolle	$\approx 0,06$
Glimmer	0,41
Glycerin	0,28
Holz, trocken	
Eiche I Kiefer	0,21 I 0,14
Kesselstein	$1,16 \cdots 3,5$
Leder	0,16
Lösemittel	siehe 9.3 S. 50
Luft, trocken, Nz	0,0241
Maschinenöl	0,13
Mauerwerk Ziegel	$0,52 \cdots 0,69$
Messing/Tombak	$79 \cdots 116$
Metalle	siehe 6.7 S. 41
Neusilber	29
Porzellan	$0,8 \cdots 1,9$
Quarz	1,09
Ruß	1,1
Stahl, Fluss-	≈ 47
Grauguss	≈ 49
V 4 A	17
Steinwolle	$\approx 0,1$
Wasser 20 °C	0,597
0 °C I 100 °C	0,560 I 0,682
Wasserdampf	
100 °C I 300 °C	0,025 I 0,043
Weißmetall	$35 \cdots 70$

*) I0,171I bei H_2 ist ein Extremwert

7 Elektrizitätslehre

7.1 Spezifische Widerstände

ϱ: **Spezifischer Widerstand**

$$\text{bei Leitern in } \frac{\Omega \cdot \text{mm}^2}{\text{m}} = \boldsymbol{\mu\Omega \cdot m}, \qquad \text{bei Halbleitern – Isolatoren in } \frac{\Omega \cdot \text{cm}^2}{\text{cm}} = \boldsymbol{\Omega \cdot cm} = 10^{-2} \cdot \mu\Omega \cdot m$$

$$\frac{1}{\varrho} = \kappa: \text{ (Spez.) } \textbf{Leitfähigkeit in } \frac{\text{m}}{\Omega \cdot \text{mm}^2} = \frac{1}{\mu\Omega \cdot \text{m}} \left| \frac{1}{\Omega \cdot \text{cm}} = \frac{\text{S}}{\text{cm}} \right. \qquad \begin{array}{l}\text{als Kehrwert des jeweiligen Tabellen } \varrho\text{-Wertes}\\ \text{am Taschenrechner abzurufen}\end{array}$$

ϑ: **Temperatur** in °C. Elektrische Widerstände sind temperaturabhängig. Ohne ϑ-Angabe: $\vartheta = 20\ °C$

Leiter

Metall	ϱ $\mu\Omega \cdot m$	Metall	ϱ $\mu\Omega \cdot m$	Metall	ϱ $\mu\Omega \cdot m$	Metall	ϱ $\mu\Omega \cdot m$
Aluminium	0,0278	Chrom	0,14	Magnesium	0,0435	Silber	0,016
Antimon	0,417	Cobalt	0,056	Mangan	0,39	Tantal	0,124
Barium	0,36	Eisen rein	0,10	Molybdaen	0,05	Titan	0,42
Beryllium	0,032	Gold	0,0222	Natrium	0,043	Uran	0,21
Bismut	1,1	Kalium	0,061	Nickel	0,0614	Wolfram	0,059
Blei	0,208	Kupfer	0,0175	Platin	0,107	Zink	0,061
Cadmium	0,076	Lithium	0,086	Quecksilber	0,941	Zinn	0,12

Legierung		ϱ $\mu\Omega \cdot m$	Legierung		ϱ $\mu\Omega \cdot m$
Bronze	87,5% Cu, 11,3% Sn, 0,4% Pb, 0,2% Fe	0,18	Messing	90,9% Cu, 9,1% Zn	0,036
			Resistin	85% Cu, 15% Mn	0,51
Gussstahl		0,18	Rotguss	86% Cu, 7% Zn, 6% Sn	0,127
Chromnickel	20% Cr, 80% Ni	1,10	Stahl,	gehärtet	0,4 ··· 0,5
Flussstahl		0,13		weich	0,1 ··· 0,2

‚Heizleiter'		ϱ in $\mu\Omega \cdot m$				bei	Salz-schmel-ze**)	ϱ $\mu\Omega \cdot m$
		20 °C	100 °C	200 °C	400 °C	500 °C		
Konstantan	54% Cu, 46% Ni	0,5	0,504	0,505	0,506	0,506 *)	AgCl	0,0027
Manganin	86% Cu, 12% Mn, 2% Ni	0,43	0,429	0,428	0,426 *)		KCl	0,0046
Neusilber	60% Cu, 20% Ni, 20% Zn	0,55	0,562	0,579	0,589 *)		KF	0,0034
Nickelin	67% Cu, ≈ 30,5% Ni, ≈ 2,5% Mn	0,40	0,408	0,415	0,422 *)		NaCl	0,0046
Siliciumstahl	≈ 96% Fe, ≈ 4% Si	0,50	0,55	0,59 *)			NaCO₃	0,0097
							SnCl₂	0,0112

*) Höchste Gebrauchstemperatur   **) jeweils bei ϑ_m

Halbleiter – Isolatoren [keine festgelegten Grenzen]

Besonders bei kristallinen Halbleitern hängen Widerstand bzw. Leitfähigkeit weitgehend von der Reinheit des Stoffes ab, aber auch von anderen Faktoren, etwa der Achsrichtung der Kristalle ...

Stoff	ϱ $\Omega \cdot m$	Stoff	ϱ $\Omega \cdot m$
Bernstein, Pressbernstein	$10^{18} \cdots 10^{24}$	G a s e , im Normzustand	Isolator
Beton	$\approx 10^4$	bei Unterdruck und	Halbleiter
Erde feucht	$\approx 10^8$	hoher Temperatur	

Stoff	ϱ $\Omega \cdot m$
Germanium reinst-Elektronik	$9 \cdot 10^4$
G l ä s e r : Pyrex[1])	10^{14}
Quarzglas	$> 5 \cdot 10^{18}$
Weiches Natronglas	$5 \cdot 10^{11}$
Glimmer[2])	$9 \cdot 10^{15}$
Hartgummi	bis 10^{16}
Holz trocken	$10^{12} \cdots 10^{16}$
Iod 110 °C	$0{,}769 \cdot 10^{11}$
K o h l e n s t o f f e : Diamant	$3 \cdot 10^{13}$
Graphit 0 °C	$8 \cdot 10^2$
Kohlefaden	$3{,}5 \cdot 10^3$
K u n s t s t o f f e : Bakelite	bis 10^{16}
Polyamide	$10^{13} \cdots 10^{14}$
Polystyrol	$5 \cdot 10^{17}$
L ö s e m i t t e l : Aceton	$5 \cdot 10^7$
Ethanol	$1{,}6 \cdot 10^7$
Nitrobenzol	$5 \cdot 10^9$

Stoff	ϱ $\Omega \cdot m$
M i n e r a l e : Bleiglanz PbS	$2{,}7 \cdot 10^3$
Marmor CaCO$_3$	10^{14}
Pyrit FeS$_2$	$2{,}4 \cdot 10^2$
Paraffin rein	bis 10^{22}
Paraffinöl	10^{18}
Porzellan (Hart-)	bis 10^{20}
S a l z e : NaCl	$1 \cdot 10^{17}$
CaF$_2$	$\to \infty$
Schwefel[3]) rhombisch	$8{,}0 \cdot 10^6$
monoklin 112 °C	$7{,}4 \cdot 10^{12}$
Selen glasig[4])	$8{,}0 \cdot 10^6$
Silicium reinst-Elektronik	$1{,}2 \cdot 10^5$
W a s s e r : reinst, entgast	$\to 10^9$
Meerwasser	$10^5 \cdots 10^6$
Säuren, Basen, Salzlösungen[5])	$1 \cdots \to 10^9$
Zement	$\approx 4{,}5 \cdot 10^5$

[1]) Hochschmelzendes Borosilikatglas; sprich peirex
[3]) Unterschiedliche Kristallstrukturen
[2]) In Blättchen spaltbares Aluminiumsilikat
[4]) Unbelichtet; Fotozelle!

7.2 Widerstand ⇔ Temperatur

Der Widerstand eines Leiters ist bei Messtemperatur $R_* = R_{20} \, (1 \pm \alpha \cdot \Delta\vartheta)$, mit R_{20}: Widerstand bei 20 °C [Ω], $\Delta\vartheta$: Temperaturdifferenz [K] und

α: **Elektrischer Temperaturkoeffizient** in K^{-1}. Hier Mittelwerte bei 0 °C $\cdots$ 100 °C

Leiter- werkstoff	α K^{-1}	Leiter- werkstoff	α K^{-1}	Leiter- werkstoff	α K^{-1}
Cr-Ni-Stahl	0,00025	Kupfer	0,0038	Platin	0,0031
Flussstahl	0,0066	Manganin	±0,00001	Silber	0,00377
Graphit	−0,0002	Messing	0,0015	Wolfram	0,0041
Konstantan	−0,00005	Nickel	0,00465	Zinn	0,0042

7.3 Elektrochemische Äquivalentmassen

z: **Oxidationszahl** $\qquad m_ä$: **Elektrochemische Äquivalentmasse** in $\dfrac{mg}{A \cdot s}$ oder in $\dfrac{g}{A \cdot h}$

Abgeschie- dener Stoff	z	$m_ä$ $mg \cdot A^{-1} \cdot s^{-1}$	$g \cdot A^{-1} \cdot h^{-1}$	Abgeschie- dener Stoff	z	$m_ä$ $mg \cdot A^{-1} \cdot s^{-1}$	$g \cdot A^{-1} \cdot h^{-1}$
Aluminium	III	0,09322	0,33557	Kupfer	II	0,32930	1,18550
Antimon	III	0,4206	1,5142	Magnesium	II	0,1260	0,4534
Bismut	III	0,7220	2,5991	Mangan	II	0,2847	1,0249
Blei	II	1,0737	3,8655	Natrium	I	0,2383	0,8578
Brom	−I	0,8281	2,9813	Nickel	II	0,30414	1,09491
Cadmium	II	0,58253	2,0971	Platin	IV	0,50547	1,81968
Calcium	II	0,2077	0,74777	Quecksilber	II	1,03949	3,7422
Chlor	−I	0,3674	1,3228	Sauerstoff	−II	0,08290	0,2985
Chrom	VI	0,08982	0,32334	Silber	I	1,1180	4,02472
Cobalt	II	0,3054	1,09944	Titan	IV	0,12406	0,4466
Eisen	III	0,19293	0,69458	Wasserstoff	I	0,010447	0,037608
Gold	III	0,68047	2,4497	Zink	II	0,3389	1,21990
Iod	−I	1,3153	4,7350	Zinn	II	0,61517	2,21462
Kalium	I	0,40526	1,4588	Wasser, Knallgas	●	0,09336	0,3361

8 Lösemittel und Lösungen

8.1 Datenübersicht

M: **Molare Masse** in g/mol
ϑ_m: **Schmelztemperatur** in °C
ϑ_m: **Siedetemperatur** in °C | bei $p = 1013,25$ hPa

Flammpunkt: (Entflammungstemperatur) in in °C. Keine absolute physikalische Konstante. Wird mit genormtem Messgerät bestimmt. Danach Gefahrenklassen[1]).

	Lösemittel	Formel	M	ϑ_m	ϑ_b	Flamm-punkt
			g/mol	°C	°C	°C
1	Aceton, Propanon	$CH_3-CO-CH_3$	58,080	−94,8	56,2	−18
2	Ameisensäure, Methansäure	HCOOH	46,026	8,4	100,5	−
3	Anilin	$C_6H_5-NH_2$	93,128	−6,0	184,4	76
4	Benzol	C_6H_6	78,114	5,51	80,1	−8
5	Bromethan	C_2H_5Br	108,966	−118,9	38,4	
6	1-Butanol	$C_3H_7-CH_2OH$	74,123	−89,8	117,8	22
7	Chlorbenzol	$C_6H_5Cl_3$	112,558	−45,2	131,7	28,5
8	Chloroform, Trichlormethan	CHCl	119,377	−63,5	61,2	**
9	Cyclohexan	C_6H_{12}	84,161	6,6	80,8	−17
10	1,2-Dichlorethan	CH_2Cl-CH_2Cl	98,959	−35,5	83,6	13,5
11	cis-1,2-Dichlorethen	CHCl=CHCl	96,943	−23,5	121,1	*
12	Dichlormethan	CH_2Cl_2	84,932	−96,7	40,21	**
13	Diethylether	$C_2H_5-O-C_2H_5$	74,123	−116,3	34,60	−40
14	1,2-Dimethylbenzol	$C_6H_4-(CH_3)_2$	106,167	−27,9	143,6	
15	1,3-Dimethylbenzol	$C_6H_4-(CH_3)_2$	106,167	−49,3	139	140
16	1,4-Dimethylbenzol	$C_6H_4-(CH_3)_2$	106,167	13,3	138,4	
17	1,3-Dioxan	$(CH_2)_4O_2$	88,106	−42	105,6	
18	1,4-Dioxan	$(CH_2)_4O_2$	88,106	11,7	101,4	5
19	Dimethylsulfat	$(CH_3O)_2SO_2$	126,133	−32	188,5	
20	Dipropylether	$CH_3(CH_2)_2-O-C_3H_7$	102,177	−122	90,1	
21	Essigsäure, Ethansäure	CH_3COOH	60,053	16,6	118	40
22	Essigsäureanhydrid	$(CH_3CO)_2O$	102,090	−73,0	140,0	−
23	Essigsäureethylester	$CH_3COO-C_2H_5$	88,106	−83,6	77,1	−5
24	Ethanol	C_2H_5OH	46,069	−114,4	78,37	12
25	Furan	C_4H_4O	68,075	−85,6	31,3	
26	Glycerin, Propantriol	$CH_2OH-CHOH-CH_2OH$	92,095	18,18	290,6	176
27	Glykol, Ethandiol	CH_2OH-CH_2OH	62,068	−15,6	197,8	117
28	Heptan	$CH_3-(CH_2)_5-CH_3$	100,204	−90,6	98,4	<−10
29	Hexan	$CH_3-(CH_2)_4-CH_3$	86,177	−94,3	68,7	−23
30	Kohlenstoffdisulfid	CS_2	76,143	−111,5	46,2	−30
31	Methanol	CH_3OH	32,042	−97,4	64,6	6,5
32	Nitrobenzol	$C_6H_5NO_2$	123,111	5,7	210,8	92
33	Octan	$CH_3-(CH_2)_6-CH_3$	114,231	−56,8	125,6	
34	Pentan	$CH_3-(CH_2)_3-CH_3$	72,150	−129,7	36,0	<−10
35	1-Pentanol Amylalkohol	$CH_3-(CH_2)_3-CH_2OH$	88,150	−78,8	138,0	43
36	Phenol	C_6H_5OH	94,113	40,8	182,2	
37	1-Propanol	$CH_3-CH_2-CH_2OH$	60,096	−126,2	97,4	15
38	2-Propanol	$CH_3-CHOH-CH_3$	60,096	−89,5	82,4	12
39	Propansäure	CH_3-CH_2-COOH	74,079	−19,7	141,35	
40	Pyridin	C_5H_5N	79,101	−41,8	115,5	20
41	Tetrachlormethan	CCl_4	153,822	−22,9	76,7	**
42	Toluol	$C_6H_5-CH_3$	92,141	−95	110,8	7
	Wasser: s. Seite 39					

* kaum brennbar   ** nicht brennbar

[1]) Gefahrenklassen nach der Betriebssicherheitsverordnung, gültig ab 1.1.2003:

Flammpunkt	<0 °C	<21 °C	≥21 °C ≤55 °C
Bezeichnung	hochentzündlich	leicht entzündlich	entzündlich

ϱ: **Dichte** in g/mL bei der angegebenen Temperatur in °C

c_m: **Molare Wärmekapazität** in J/(mol · K) bei der angegebenen Temperatur

q_m: **Molare Schmelzwärme** (Enthalpieänderung bei Schmelztemperatur, ΔH kr → fl) in kJ/mol ⎫

r_m: **Molare Verdampfungswärme** (Enthalpieänderung bei Siedetemperatur, ΔH fl → gf) in kJ/mol ⎬ *

γ: **Kubischer Wärmeausdehnungskoeffizient** in K^{-1}, meist 20 °C, vgl. 6.1 auf S. 37 ⎭

λ: **Wärmeleitzahl** bei 20 °C in $W \cdot m^{-1} \cdot K^{-1}$

n_D^{20}: **Brechzahl** bei monochromatischem Licht $\lambda = 589{,}3$ nm (Natrium-D-Linie) und 20 °C.
      Davon abweichende Messtemperaturen sind angegeben

ϱ	bei	c_m	bei	* q_m	* r_m	* γ	λ	n_D^{20}	n_D	
g/mL	°C	$\dfrac{J}{mol \cdot K}$	°C	$\dfrac{kJ}{mol}$	$\dfrac{kJ}{mol}$	K^{-1}	$\dfrac{W}{m \cdot K}$		bei °C	
0,7905	20	125,2	20	5,719	29,1	143 ·10⁻⁵	0,180	1,35911		1
1,2224	18	99,1	25	12,728	22,3	102 ·10⁻⁵	0,272²⁾	1,37137		2
1,0217	20	190,9	25	10,555	45,1	84 ·10⁻⁵	0,172	1,58632		3
0,8789	20	136,1	25	9,866	30,8	106 ·10⁻⁵	0,155	1,5010		4
1,4586	20	87,9	25	5,862	26,8	142 ·10⁻⁵	0,121	1,42387		5
0,80961	20	183,4	20	9,274	44,0		0,167	1,3974	25	6
1,1062	20	145,7	20	7,536	35,7	98 ·10⁻⁵	0,126²⁾	1,52460		7
1,4890	20	112,5	20	9,546	29,7	128 ·10⁻⁵	0,121²⁾	1,4455		8
0,7783	20	181,7	20	2,680	30,1	120 ·10⁻⁵		1,4263		9
1,2529	20	124,3			31,4	117 ·10⁻⁵		1,44432		10
1,6239	15	113,9	15		34,7			1,50547		11
1,3255	20	49,7	0	4,187	28,0	137 ·10⁻⁵	0,159¹⁾	1,4237		12
0,71925	15	170,8	16,8	7,536	26,6	162 ·10⁻⁵	0,138	1,35555	15	13
0,8811	20	182,2	21,9	13,607	36,8	97 ·10⁻⁵	0,142¹⁾	1,5050		14
0,8656	20	175,4	2,1	11,597	36,4	99 ·10⁻⁵	0,142¹⁾		15	15
0,861	20	180,7	26,2	17,124	36,1	102 ·10⁻⁵		1,49860	15	16
1,0342	20									17
1,03361	20	152,8	25	12,602	35,8	109,4·10⁻⁵		1,42241		18
1,3305	15,8							1,391	15,8	19
0,75178	15							1,3807		20
1,0492	20	123,5	25	11,723	23,7	107 ·10⁻⁵	0,197²⁾	1,3744	15	21
1,0810	20	185,5	23···122		39,3	113 ·10⁻⁵		1,39038		22
0,90056	20	169,1	20,4	9,420	32,3	138 ·10⁻⁵		1,37012		23
0,7894	20	111,5	25	5,024	38,7	110 ·10⁻⁵	0,180	1,3614		24
0,937	19	72,1	44,3		27,1			1,42157		25
1,2613	20	150,3	6···11	18,481		50 ·10⁻⁵	0,285	1,47547	15	26
1,1131	20	145,9	20,3	11,639	57,0	62 ·10⁻⁵	0,260	1,43063	25	27
0,6836	20	139,0	20	14,025	31,7	124,4·10⁻⁵	0,138	1,3876		28
0,6594	20	193,2	20,3	13,021		135 ·10⁻⁵	0,138	1,37506		29
1,2705	20	75,8	25	26,796	25,77	118 ·10⁻⁵	0,163²⁾	1,6203		30
0,7915	20	77,2	20	3,169	34,4	119 ·10⁻⁵	0,214	1,33057	15	31
1,2032	20	184,6	30	12,121		83 ·10⁻⁵	0,159	1,55230		32
0,7027	20	251,2	25,1	20,767	34,6	114 ·10⁻⁵	0,147	1,3974		33
0,6312	20	163,1	16,8	8,374	25,8	160 ·10⁻⁵	0,134	1,35769		34
0,80764	15	209,3	24,8	9,835		88 ·10⁻⁵	0,163	1,41173	15	35
1,0708	25	133,1	22,6	11,262	47,3			1,37506		36
0,8035	20	131,3	1,4	5,196	41,8	98 ·10⁻⁵	0,172	1,38533		37
0,7851	20	163,3	20	5,376	40,5	106 ·10⁻⁵	0,155	1,37757		38
0,9916	20	159,4	16	7,536	30,6	109 ·10⁻⁵	0,163²⁾	1,3885	15	39
0,9878	15	140,3	20	8,269	35,1	112,2·10⁻⁵		1,5092		40
1,5924	20	131,8	25	2,416	30	122 ·10⁻⁵	0,117¹⁾	1,4631	15	41
0,8716	15	154,5	20	6,632	33,5	110,9·10⁻⁵	0,151	1,49985	15	42

* **Spezifische Werte**, massebezogen: $\dfrac{\text{Tabellenwert}}{M}$ mit g statt mol

¹⁾ bei 0 °C   ²⁾ bei 12 °C

8.2 Wichtige Lösemittel für organische Stoffe

Wasser [W] – Ethanol absolut [E] – Diethylether getrocknet [DEE]

Quantitative Angabe: Löslichkeit L^* in g/100 g Lösemittel. Es bedeutet z. B. 220/20: 100 g Wasser lösen bei $\vartheta = 20$ °C 220 g Acetamid.

Qualitative Angabe: Es bedeutet: **nl** nicht löslich (praktisch unlöslich), **wl** wenig (schwer) löslich. **l** löslich, **ll** leicht löslich, ∞ in jedem Verhältnis mischbar.

fl: flüssig

Ausgewählte Beispiele

Stoff	Lösemittel			Stoff	Lösemittel		
	W	**E**	**DEE**		**W**	**E**	**DEE**
Acetamid	220/20	65/20		DL-Leucin	0,97/15	wl	nl
Acetophenon	wl	l		D-Mannit	15,6/18	0,07/14	nl
Adipinsäure	1,44/15	ll	0,63/19	D-Mannose	248/17	wl	nl
DL-Alanin	22/17		nl	Naphthalin	0,003/25	9,5/19,5	ll
Azobenzol	0,03/20	7,9/16	l			500/70	
Benzoesäure	0,27/17	46,71/16	31,34/15	Nicotin fl	1,0	ll	ll
	2,19/75			Ölsäure	nl	∞	∞
Bernsteinsäure	6,84/20	7,54/16	0,35/15	Phenol	8,2/15	∞	∞
Brenzcatechin	45,14/20	l	l		$\infty/{>}65,3$		
Citronensäure	73,5/20	75,91/15	226/15	Pyren	nl	1,37/16	ll
Cumol fl	nl	l	l	Pyrogallol	44/13	ll	ll
Diacetyl fl	ll	∞	∞	Resorcin	229/30	144/9	ll
Diacetyldioxim	nl	ll	ll	Saccharin	0,43/25	2/20	wl
1,4-Diamino-	3,85/24	ll	ll	Saccharose	204/20	0,9	nl
benzol[1])				Salicylsäure	0,18/20	49,6/15	50,5
Diphenyl	nl	9,98/20	l	Theobromin	0,03/18	0,023/17	wl
Eosin	nl	l	wl	Thioacetamid	ll	ll	l
D-Fructose	3,55/20	8,5/18	l	Tripalmitin	nl	0,004/21	ll
Fumarsäure trans	0,69/20	4,76/17	wl	Vanillin	$\approx 1/14$	ll	ll
Furan fl	nl	ll	ll	DL-Weinsäure	20,6/20	2,08/15	1,08/15
Harnstoff	109,4/21	5,32/20	wl	cis-Zimtsäure	0,69/20	23,8/20	ll
				trans-Zimtsäure	0,04/20	ll	wl

[1]) Veraltet p(ara)-Phenylendiamin

8.3 Siedetemperatur ⇔ Druck Dampfdruckkurven

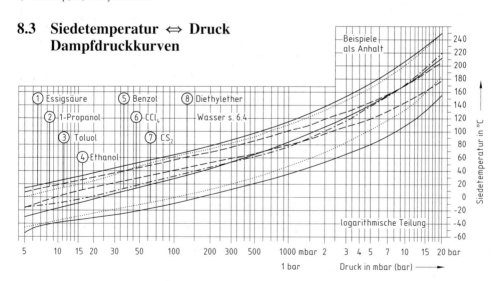

8.4   Dichtetabellen – Säuren und Basen

H_2SO_4 – HNO_3 – $NaOH_{aq}$ – HCl_{aq} – NH_{3aq}

ϱ: **Dichte** bei 20 °C in g/mL
w: **Massenanteil** in %
c: **Stoffmengenkonzentration** in mol/L

	H_2SO_4		HNO_3		HCl_{aq}		$NaOH_{aq}$		NH_{3aq}		
Dichte ϱ g/mL	w in %	c in mol/L	w in %	c in mol/L	w in %	c in mol/L	w in %	c in mol/L	w in %	c in mol/L	Dichte ϱ g/mL
0,900	–	–	–	–	–	–	–	–	27,33	14,14	0,990
0,950	–	–	–	–	–	–	–	–	12,03	6,71	0,950
0,975	–	–	–	–	–	–	–	–	5,50	3,15	0,975
0,980	–	–	–	–	–	–	–	–	4,27	2,46	0,980
0,985	–	–	–	–	–	–	–	–	3,06	1,77	0,985
0,990	–	–	–	–	–	–	–	–	1,89	1,10	0,990
1,000	0,2609	0,0266	0,3333	0,05231	0,3600	0,09874	0,159	0,0398	–	–	1,000
1,050	7,704	0,8250	9,259	1,543	10,52	3,030	4,66	1,222	–	–	1,050
1,100	14,73	1,654	17,58	3,068	20,39[1])	6,152[1])	9,19	2,527	–	–	1,100
1,150	21,38	2,507	25,48	4,649	30,14	9,506	13,73	3,947	–	–	1,150
1,200	27,72	3,391	32,94	6,273	–	–	18,26	5,476	–	–	1,200
1,250	33,82	4,310	40,58	8,049	–	–	22,82	7,129	–	–	1,250
1,300	39,68	5,259	48,42	9,990	–	–	27,41	8,906	–	–	1,300
1,350	45,26	6,229	56,95	12,20	–	–	32,10	10,83	–	–	1,350
1,400	50,50	7,208	66,97	14,88	–	–	36,99	12,95	–	–	1,400
1,450	55,45	8,198	79,43	18,28	–	–	42,07	15,25	–	–	1,450
1,500	60,17	9,202	96,73	23,02	–	–	47,33	17,75	–	–	1,500
1,550	64,71	10,23	–	–	–	–	–	–	–	–	1,550
1,600	69,09	11,27	–	–	–	–	–	–	–	–	1,600
1,650	73,37	12,34	–	–	–	–	–	–	–	–	1,650
1,700	77,63	13,46	–	–	–	–	–	–	–	–	1,700
1,750	82,09	14,65	–	–	–	–	–	–	–	–	1,750
1,800	87,69	16,09	–	–	–	–	–	–	–	–	1,800

[1]) entspricht etwa dem azeotropen Gemisch

8.5 Daten ausgewählter wässriger Lösungen

ϱ: **Dichte** in g/mL bei 20 °C, falls nicht anders angegeben f_a: **Aktivitätskoeffizient** [116]
c: **Stoffmengenkonzentration** in mol/L w: **Massenanteil** in % b: **Molalität** in mol/kg

Gelöster Stoff	w in %	1	2	4	6	8	10	15	20	30	50	70	100
CH₃COOH Essigsäure	ϱ in g/mL	0,9997	1,0012	1,0041	1,0069	1,0098	1,0126	1,0195	1,0261	1,0383	1,0575	1,0686	1,0497
	c in mol/L	0,1665	0,3334	0,6688	1,0060	1,3452	1,6445	2,5465	3,4173	5,1869	8,8047	12,456	17,480
C₂H₅OH Ethanol	ϱ in g/mL [76]	0,99641	0,99460	0,99115	0,98791	0,98487	0,98195	0,9752	0,96877	0,95404	0,91400	0,86781	0,78944
	σ in % [76]	1,262	2,520	4,971	7,508	9,980	12,439	18,531	24,543	36,255	57,889	76,949	
Ca(OH)₂ Kalkmilch	ϱ in kg/L	1,006	1,0131	1,0252	1,0368	1,0480	1,0605	1,0956	1,1258	1,1991	$w=32,51$	1,2195	
	g CaO/L	7,70	10,54	30,10	47,07	60,27	80,34	128,7	170,5	272,2		300,0	
HClO₄ 15 °C	ϱ in g/mL	1,0050	1,0109	1,0228	1,0348	1,0471	1,0597	1,0922	1,1279	1,2170	1,4103	1,6736	⚠ →
	c in mol/l	0,1000	0,2013	0,4073	0,6780	0,8339	1,0549	1,6308	2,2455	3,6343	7,0193	11,6183	
H₂O₂ 18 °C	ϱ in g/mL	1,0022	1,0058	1,0131	1,0204	1,0277	1,0351	1,0532	1,0725	1,1122	1,1966	1,2897	1,4465
	c in mol/L	0,2946	0,5914	1,1914	1,7999	2,4171	3,0431	4,6445	6,3061	9,8093	17,5895	26,541	42,524
H₃PO₄	ϱ in g/mL	1,0038	1,0092	1,0200	1,0309	1,0420	1,0532	1,0824	1,1134	1,1805	1,3950	$w=60$	1,4260
	c in mol/L	0,1024	0,2060	0,4163	0,6312	0,8507	1,0747	1,6568	2,2724	3,6140	6,8116		8,7310

Gelöster Stoff	b in mol/kg	0,001	0,002	0,005	0,01	0,02	0,05	0,1	0,2	0,5	1
Ba(OH)₂	f_a		0,853	0,773	0,712	0,627	0,526	0,443	0,370		
HCl	f_a	0,9656	0,9521	0,9285	0,9043	0,8755	0,8304	0,7964	0,7667	0,7571	0,8090
H₂SO₄	f_a	0,837	0,767	0,646	0,543	0,444		0,379		0,221	0,186
NaOH	f_a				0,905	0,871	0,815	0,772	0,724	0,678	0,668

(25 °C)

Gelöster Stoff	w in %	0,1	0,5	1	2	4	6	8	10	15	20	30	40
AgNO₃	ϱ in g/mL	1,0007	1,0012	1,0070	1,0154	1,0327	1,0506	1,0690	1,0882	1,1391	1,1942	1,3205	1,4743
	b in mol/kg	0,0059	0,0300	0,0594	0,1217	0,2436	0,3717	0,5043	0,6418	1,0077	1,4085	2,3362	3,4780
	f_a	0,92	0,85	0,79	0,73	0,63	0,58	0,54	0,51	0,43	0,42		
CaCl₂	ϱ in g/mL	1,0003	1,0033	1,0070	1,0148	1,0186	1,0289	1,0659	1,0835	1,1293	1,1775	1,2816	1,3957
	c in mol/L	0,0091	0,0452	0,0907	0,1829	0,3718	0,5669	0,7683	0,9763	1,6074	2,1219	3,4643	5,0303
CuSO₄	ϱ in g/mL	1,0008	1,005	1,009	1,019	1,040	1,062	1,084	1,107	1,167	$w=18$	1,206	
	c in mol/L	0,0063	0,0315	0,0632	0,1270	0,2606	0,3962	0,5433	0,6936	1,0967		1,3601	
	f_a	0,50	0,34	0,20	0,14	0,105	0,09	0,09	0,07	0,05		0,04	
FeCl₃	ϱ in g/mL	1,0006	1,004	1,007	1,015	1,032	1,049	1,067	1,085	1,132	1,182	1,291	1,417
	b in mol/kg	0,0062	0,0310	0,0622	0,1254	0,2550	0,3887	0,5272	0,6701	1,0487	1,4600	2,3920	3,5006
	f_a	0,81	0,78	0,60	0,58	0,562	0,566			$w=13,96$ 0,668			

Umrechnen von Gehaltsgrößen

Grundlage sind die gemessenen Dichten ϱ (Temperatur!)

$$w(X) = \frac{c(X) \cdot M(X)}{10 \cdot \varrho(\text{Lsg})} = \frac{b(X) \cdot M(X) \cdot \varrho(\text{H}_2\text{O})}{10 \cdot \varrho(\text{Lsg})}$$

$$c(X) = \frac{w(X) \cdot 10 \cdot \varrho(\text{Lsg})}{M(X)} = b(X) \cdot M(X) \cdot \varrho(\text{H}_2\text{O})$$

$$b(X) = \frac{w(X) \cdot 10 \cdot \varrho(\text{Lsg})}{M(X) \cdot \varrho(\text{H}_2\text{O})} = \frac{c(X)}{\varrho(\text{H}_2\text{O})}$$

Stoff	Größe	0,005	0,01	0,05	0,1	0,2	0,3	0,4	0,5	0,7	1,0	≈ Sättigung	
KBr	ϱ in g/mL	1,0005	1,0028	1,0054	1,0127	1,0275	1,0426	1,0581	1,0740	1,1156	1,1601	1,2593	1,3746
	c in mol/L	0,0084	0,0421	0,0845	0,1702	0,3454	0,5257	0,7113	0,9025	1,4062	1,9497	3,1747	4,6204
	f_a	0,927	0,903	0,78	0,75	0,695	0,67	0,64	0,62				
K$_2$SO$_4$	ϱ in g/mL	1,0005	1,0032	1,0063	1,0145	1,0310	1,0477	1,0646	1,0817				
	c in mol/L	0,0058	0,0115	0,0577	0,1164	0,2367	0,3607	0,4887	0,6207				
	f_a	0,779	0,713	0,515	0,42	0,35	0,335						
NH$_4$Cl	ϱ in g/mL	1,0003	1,0007	1,0013	1,0045	1,0107	1,0168	1,0227	1,0286	1,0429	1,0567	$w = 26$	1,0726
	c in mol/L	0,0187	0,0935	0,1872	0,3756	0,7558	1,1405	1,5268	1,9194	2,9192	3,9438		5,2135
	b in mol/kg	0,0188	0,0937	0,1875	0,3763	0,7572	1,1426	1,5323	1,9264	2,9298	3,9581		5,2229
	f_a	0,880	0,744	0,698	0,646	0,581	0,558	0,540	0,523				
NaCH$_3$COO	ϱ in g/mL	1,0002	1,0017	1,0033	1,0084	1,0186	1,0289	1,0392	1,0495	1,0755	1,1032	$w = 28$	1,1462
	c in mol/L	0,0122	0,0611	0,1223	0,2458	0,4967	0,7525	1,0134	1,2793	1,9666	2,6895		3,9122
Na$_2$CO$_3$	ϱ in g/mL	1,0007	1,0042	1,0086	1,0190	1,0398	1,0606	1,0816	1,1029			$w = 13$	1,1354
	c in mol/L	0,0094	0,0474	0,0952	0,1923	0,3924	0,6004	0,8164	1,0406				1,3926
Gelöster Stoff b in mol/kg		**0,005**	**0,01**	**0,05**	**0,1**	**0,2**	**0,3**	**0,4**	**0,5**	**0,7**	**1,0**	**≈ Sättigung**	
NaCl	ϱ in g/mL	1,0002	1,0004	1,0014	1,0029	1,0064	1,0107	1,0147	1,0187	1,0267	1,0381	$b = 5,32$	1,1972
	w in %	0,0293	0,0585	0,2923	0,584	1,164	1,738	2,304	2,862	3,992	5,633		26
	c in mol/L	0,0050	0,0100	0,0499	0,0998	0,1996	0,2995	0,3993	0,4991	0,6987	0,9982		5,310
	f_a	0,929	0,904	0,823	0,778	0,735			0,681		0,668		
NaNO$_3$	ϱ in g/mL	1,0002	1,0004	1,0022	1,0042	1,0096	1,0152	1,0208	1,0264	1,0357	1,0543	$b = 7,43$	1,3683
	w in %	0,0426	0,0849	0,425	0,852	1,686	2,511	3,331	4,146	5,755	8,080		45
	f_a	0,93	0,90	0,82	0,762	0,70			0,617		0,548		
Na$_2$SO$_4$	ϱ in g/mL	1,0006	1,0012	1,0028	1,0110	1,0236	1,0359	1,0481	1,0602	1,0837	1,1180	$b = 1,29$	1,1506
	w in %	0,0710	0,1421	0,710	1,409	2,781	4,112	5,429	6,709	9,190	12,731		16
	f_a	0,778	0,714	0,536	0,453	0,36			0,27		0,20		
Na$_2$S$_2$O$_3$ 18 °C	ϱ in g/mL		1,0025	1,0051	1,0113	1,0246	1,0379	1,0512	1,0647	1,0785	1,0925	$b = 3,49$	1,3827
	w in %		0,158	0,788	1,566	3,092	4,609	6,027	7,438	10,15	13,95		40
Pb(NO$_3$)$_2$	ϱ in g/mL	1,0011	1,0024	1,0051	1,0273	1,0552	1,0863	1,1116	1,1395	1,1956	1,2629	$b = 1,20$	1,3289
	w in %	0,1826	0,289	1,630	3,203	6,240	9,171	11,878	14,512	19,384	24,786		30
	f_a	0,76	0,69	0,46	0,37	0,27			0,17		0,11		
ZnSO$_4$	ϱ in g/mL	1,0008	1,0028	1,0076	1,0151	1,0310	1,0498	1,0629	1,0768	1,1091	1,1553	$b = 2,56$	1,378
	w in %	0,0807	0,1613	0,8008	1,605	3,131	4,625	6,084	7,500	10,176	13,999		30
	f_a	0,477	0,387		0,150	0,104			0,063		0,043		

8.6 Löslichkeit von Feststoffen und Gasen in Wasser

L^*: **Löslichkeit** von Feststoffen in Gramm reiner, kristallwasserfreier Stoff in 100 g Wasser
Löslichkeit von Gasen in g/100 g Wasser, wenn der Gesamtdruck (Partialdruck plus Sättigungsdruck der Flüssigkeit bei Absorptionstemperatur) 1013,25 hPa beträgt
Die Löslichkeit – **Konzentration der gesättigten Lösung** – ist stark temperaturabhängig
ϑ: **Temperatur** in °C

ϑ in °C	0	10	20	30	40	50	60	80	100
Gelöster Stoff	**L^* in g/100 g Wasser**								
Feststoffe									
AgNO$_3$	115,0	159,4	215,5	281,7	334,8	400	471,1	651,9	1023,6
Al$_2$(SO$_4$)$_3$	31,4	33,3	36,8	40,4	46,0	52,2	57,2	71,5	88,7
BaCl$_2$	30,7	33,3	35,1	38,2	40,8	43,6	46,2	52,0	58,7
Ba(OH)$_2$	1,52	2,56	4,06		8,58		21,2	115,0	171,0
BaSO$_4$	1,70·10^{-4}		2,5·10^{-4}		3,2·10^{-4}		3,5·10^{-4}		3,9·10^{-4}
CaCl$_2$	58,7	65,3	73,9	102	127,2		138,1	149,4	157,7
Ca(HCO$_3$)$_2$	16,15		16,6		17,05		17,5	17,95	18,40
Ca(OH)$_2$	0,190		0,17		0,13		0,11	0,087	0,066
CaSO$_4$	0,167		0,204		9,212		0,15	0,1	0,065
CdSO$_4$	75,44		77,0		79,5		73,9	64,2	138,1
CuSO$_4$	14,3	16,8	20,3		28,5	33,3	39,8	56,0	77,0
FeCl$_3$	75,4	81,8	92,3	106,6	289	315	376	525	533
FeSO$_4$	16,0	20,5	26,6	33,0	39,9	48,6	57,7	42,8	90 °C 37,3
HgCl$_2$	4,49	5,37	6,6	25 °C 7,4	9,65		15,3	28,2	53,8
KAl(SO$_4$)$_2$	3,09	4,17	5,82	8,4	11,35		24,2	50,38	155,1
KCl	28,2	31,2	34,2	37,3	39,8	43,1	45,6	50,6	55,3
KClO$_4$	0,705	1,1	1,73		4,28		8,11	13,6	21,9
K$_2$CO$_3$	102,8	108,3	110,5	117,4	121,2		127,3	138,1	156,4
K$_2$CrO$_4$	58,7	61,3	62,6		66,7		70,9	75,4	78,6
K$_2$Cr$_2$O$_7$	4,71	7,87	12,4		26,6		47,0	72,4	102,0
KMnO$_4$	3,09	4,16	6,38	9,0	12,5	16,9	21,9		
KNO$_3$	13,0	21,2	31,6	45,6	64,7	85,7	110,9	166,7	245,2
K$_2$SO$_4$	7,53	9,29	11,1	12,9	14,6	16,5	17,9	21,2	24,1
Li$_2$CO$_3$	1,53	1,435	1,34	1,25	1,16	1,19	1,00	0,847	0,735
LiOH	12,6	12,7	12,74		13,0	13,0	14,0	15,2	17,65
MgSO$_4$	26,0	31,0	34,81	40,8	44,1		54,4	56,0	49,0
Na$_2$B$_4$O$_7$	1,11	1,63	2,56	3,90	6,38	9,78	17,65	25,0	39,5
NaCl	35,7	35,8	36,05	36,15	36,6	36,7	37,0	37,9	38,9
Na$_2$CO$_3$	6,95	12,4	21,8	39,7	48,8	47,4	46,0	44,1	44,1
NaHCO$_3$	6,95	8,11	9,41	11,1	12,6	14,45	15,9	18,2	23,7
NH$_4$Cl	29,9	33,3	37,0	41,4	47,1	50,4	53,8	66,7	78,6
PbCl$_2$	0,63	0,75	0,98	1,20	1,44	1,70	2,01	2,62	3,31
PbI$_2$	0,044	0,05	0,066	0,090	0,12	0,153	0,20	0,30	0,442
SrSO$_4$	1,13·10^{-3}				1,2·10^{-3}				
ZnSO$_4$	41,6	47,1	53,8	61,3	70,4	75,7	76,5	66,7	60,5
Sulfanilsäure	0,64	0,84	1,08	1,49	1,97	2,51	3,10	4,51	6,67
Gase									
Cl$_2$	1,46	0,997	0,729	0,572	0,459	0,392	0,329	0,223	0,000
CO$_2$	0,335	0,232	0,196	0,126	0,0973	0,0761	0,0576		
HCl	82,5	77,2	72,1	67,2	63,3	59,6	56,1		
H$_2$S	0,707	0,511	0,385	0,298	0,236	0,188	0,148	0,0765	0,000
NH$_3$	87,5	67,9	52,6	40,3	30,7	22,9		15,4	7,4
O$_2$	0,006945	0,005368	0,004340	0,003588	0,003082	0,002657	0,002274	0,000660	0,00000
Luft[1])	0,02885	0,02268	0,01871	0,01607	0,01415	0,01298	0,01216	0,01126	0,0111

[1]) Einheit hier „Bunsen'scher Absorptionskoeffizient": Das von 1 m^3 Lösemittel – Wasser – bei der betreffenden Temperatur aufgenommene Volumen des Gases – Luft –, reduziert auf Normzustand, wenn der Teildruck des Gases 1013,25 hPa beträgt.

8.7 Molale Gefriertemperaturerniedrigungen und Siedetemperaturerhöhungen

Substanzen, die einem Lösemittel zugesetzt werden, erniedrigen den Dampfdruck des Lösemittels. Dadurch wird der Siedepunkt erhöht und der Gefrierpunkt erniedrigt.
Diese Temperaturverschiebungen sind den Teilchenkonzentrationen in der Lösung proportional und unabhängig von der Art der Teilchen. Die Temperaturverschiebungen werden auf 1 mol gelöster Teilchen in 1 kg Lösemittel bezogen (Molalität).
Die Temperaturverschiebungen sind von der Art des Lösemittels abhängig. Sie werden auf die Molalität bezogen, weil diese Größe von der Temperatur nicht abhängig ist.
Werden dissoziierende Stoffe gelöst, so ist der Dissoziationsgrad zu berücksichtigen. Wird beispielsweise 1 mol NaCl in 1 kg Wasser gelöst, so enthält das Wasser 2 mol an Ionen, der Gefrierpunkt verringert sich also um $2 \cdot 1,86$ °C.
Aus den Temperaturverschiebungen können die Molaren Massen der gelösten Stoffe bestimmt werden. Zur praktischen Berechnung molarer Massen werden für geeignete Lösemittel Konstanten tabelliert $\boxed{59} \cdots \boxed{62}$.

K_m: **Molale Gefriertemperaturerniedrigung** Kryoskopische Konstante $\qquad$ in $\dfrac{K \cdot kg}{mol}$ bei $p = 1013,25$ hPa

K_b: **Molale Siedetemperaturerhöhung** Ebullioskopische Konstante

ϑ_m: **Gefriertemperatur, Schmelztemperatur** $\qquad$ des reinen Lösemittels in °C bei $p = 1013,25$ hPa.

Unkorrekt auch Gefrierpunkt, Schmelzpunkt, Siedepunkt

ϑ_b: **Siedetemperatur**

Lösemittel	Gefriertemperaturerniedrigung		Siedetemperaturerhöhung	
	ϑ_m °C	K_m $K \cdot kg \cdot mol^{-1}$	ϑ_b °C	K_b $K \cdot kg \cdot mol^{-1}$
Anilin	−6,2	5,87	184,4	3,69
Benzol	5,51	5,065	80,12	2,84
Campher	179,5	40	204	6,09
Cyclohexan	6,2	20,2	81,5	2,75
1,2-Dibrommethan	9,975	12,5	131,6	6,43
1,4-Dioxan	11,78	4,63	100,3	3,27
Essigsäure, wasserfrei	16,6	3,90	118,5	3,08
Nitrobenzol	5,668	6,89	210,9	5,27
Phenol	40,8	7,27	182,2	3,60
Tetrachlorethen	(−22,4)		121,1	5,5
Tetrachlormethan	−22,9	29,8	76,50	5,07
Wasser	0,0	1,86	100,0	0,515

9 Molare Massen

Molare Massen

Es sind die Molaren Massen von Atomen, Verbindungen und Atomgruppen zusammengestellt. Ionen und Radikale sind als solche nicht besonders gekennzeichnet.

Weitere Vielfache oder Teile der angegebenen Werte lassen sich leicht am Taschenrechner abrufen. Weniger gebräuchliche Werte sind daher hier nicht angegeben.

	M g/mol		M g/mol		M g/mol
Ag	107,8682	As_2S_3	246,041	**Bi**	208,98037
Ag_3AsO_4	462,5238	As_2S_5	310,173	$Bi(C_9H_6ON)_3$	641,439
$AgBr$	187,772	H_3AsO_3	125,9436	Oxinat	
$AgCN$	133,886	H_3AsO_4	141,9430	$Bi(C_9H_6ON)_3 \cdot H_2O$	
$[Ag(CN)_2]$	159,904				659,454
$AgCl$	143,3209	**Au**	196,96654	$BiCl_3$	315,3385
Ag_2CrO_4	331,7301	$AuCl_3$	303,3246	$Bi(NO_3)_3 \cdot 5H_2O$	485,0716
$Ag_2Cr_2O_7$	431,7244	$HAuCl_4$	339,7853	Bi_2O_3	465,9589
AgF	126,8666			$BiOCl$	260,4325
AgI	234,7727	**B**	10,811	$Bi(OH)_3$	260,0024
$AgNO_3$	169,8731	BCl_3	117,169	$BiONO_3 \cdot H_2O$	305,0000
Ag_2O	231,7358	BF_3	67,806	$BiPO_4$	303,9517
Ag_3PO_4	418,5760	BO_2	42,810	Bi_2S_3	514,159
Ag_2S	247,802	BO_3	58,809	$Bi_2(SO_4)_3$	706,152
$AgSCN$	165,952	B_2O_3	69,620		
Ag_2SO_4	311,800	B_4O_7	155,240	**Br**	79,904
$AgVO_4$	222,8073	HBF_4	87,813	$Br_2, 2\,Br$	159,808
		HBO_2	43,818	$3\,Br$	239,712
Al	26,981539	H_3BO_3	61,833	$4\,Br$	319,616
Al_4C_3	143,959			BrO_3	127,902
$Al(CH_3COO)_3$	204,115	**Ba**	137,327	$\frac{1}{6}BrO_3$	21,317
$Al(C_9H_6ON)_3$	459,440	$BaCO_3$	197,336	HBr	80,912
Oxinat		BaC_2O_4	225,347	$HBrO_3$	128,910
$AlCl_3$	133,3396	$BaCl_2$	208,232		
$AlCl_3 \cdot 6H_2O$	241,4313	$BaCl_2 \cdot 2H_2O$	244,263	**C**	12,011
AlF_3	83,97675	$BaCrO_4$	253,321	CCl_4	153,822
$LiAlH_4$	37,954	$Ba(NO_3)_2$	261,337	CN	26,018
Al_2O_3	101,9613	BaO	153,326	CNS	58,084
$Al_2O_3 \cdot 2SiO_2 \cdot 2H_2O$		BaO_2	169,326	CO	28,000
	258,1604	$Ba(OH)_2$	171,342	CO_2	44,010
$Al(OH)_3$	78,0036	$Ba(OH)_2 \cdot 8H_2O$	315,464	CO_3	60,009
$AlPO_4$	121,9529	$Ba_3(PO_4)_2$	601,924	CS_2	76,143
$Al_2(SO_4)_3$	342,154	BaS	169,393	CH	13,019
$Al_2(SO_4)_3 \cdot 18H_2O$		$BaSO_4$	233,391	$2\,CH$	26,037
	666,429	$BaSiF_6$	279,403	$3\,CH$	39,057
				$CHCl_3$	119,377
As	74,92159	**Be**	9,012182	CHO	29,018
$AsCl_3$	181,2797	$BeCO_3 \cdot 4H_2O$	141,1083	CH_2	14,027
AsH_3	77,94541	$Be(NO_3)_2 \cdot 4H_2O$	205,0832	$2\,CH_2$	28,054
AsO_3	122,9198	BeO	25,0116	$3\,CH_2$	42,081
AsO_4	138,9192	$Be(OH)_2$	43,0269	$4\,CH_2$	56,108
As_2O_3	197,8414	$Be_2P_2O_7$	191,9677	CH_2Cl_2	84,932
As_2O_5	229,8402			CH_2O	30,026
As_2O_7	261,8390			Methanol, Formaldehyd	

M g/mol		M g/mol		M g/mol	
CH_2O_2	46,026	$C_4, 4C$	48,044	$C_9, 9C$	108,099
Methansäure, Ameisensäure		$C_4H_6O_6$	150,09	C_9H_6ON	144,153
$CH_2O_3 \mid H_2CO_3$	62,025	Weinsäure		C_9H_7ON	145,161
Kohlensäure		C_4H_5	53,084	8-Hydroxychinolin, „Oxin"	
CH_3	15,035	C_4H_6	54,092		
$2 CH_3$	30,070	$C_4H_6O_3$	102,090		
$3 CH_3$	45,104	C_4H_7	55,100	$C_{10}, 10C$	120,110
$4 CH_3$	60,139	C_4H_8	56,108	$C_{10}H_6$	126,158
CH_3Br	94,939	$C_4H_8O_2$	88,106	$C_{10}H_7$	127,166
CH_3Cl	50,488	Buttersäure, Dioxan		$C_{10}H_8$	128,174
CH_3F	34,033	C_4H_9	57,115	Naphthalin	
CH_3I	141,939	C_4H_{10}	58,123	$(C_{10}H_{12}O_8N_2)H_2Na_2 \cdot 2 H_2O$	
CH_4	16,043	$C_4H_{10}O$	74,123	„EDTA-Na"	372,240
CH_4O	32,042	Diethylether			
Methanol				$C_{12}H_{22}O_{11}$	342,300
CH_4ON_2	60,056	$C_5, 5C$	60,055	Rohrzucker	
Harnstoff		C_5H_5N	79,101	$C_{14}H_8O_2$	208,216
		Pyridin		Anthrachinon	
$C_2, 2C$	24,022	C_5H_7	67,111	$C_{20}H_{16}N_4$	312,374
C_2O_4	88,020	C_5H_8	68,119	$C_{20}H_{16}N_4 \cdot HNO_3$	375,387
Oxalat-Ion		C_5H_9	69,126		
C_2H_2	26,038	C_5H_{10}	70,134		
$C_2H_2O_4$	90,035	C_5H_{11}	71,142	**Ca**	40,078
Ethandisäure, Oxalsäure		C_5H_{12}	72,150	CaC_2	64,100
$C_2H_2O_4 \cdot 2 H_2O$	126,066			$Ca(CH_3COO)_2$	158,167
C_2H_3	27,046			$CaCN_2$	80,102
C_2H_3O	43,045	$C_6, 6C$	72,066	$CaCO_3$	100,087
Acetylrest		C_6H_4	76,098	CaC_2O_4	128,098
$C_2H_3O_2$	59,045	$C_6H_4Cl_2$	147,003	Oxalat	
C_2H_4	28,054	C_6H_5	77,106	$CaC_2O_4 \cdot H_2O$	146,113
C_2H_4O	44,053	$2 C_6H_5$	154,211	$CaCl_2$	110,983
Ethanal, Acetaldehyd		$3 C_6H_5$	231,317	$CaCl_2 \cdot 2 H_2O$	147,014
$C_2H_4O_2$	60,053	$4 C_6H_5$	308,423	$CaCl_2 \cdot 6 H_2O$	219,075
Ethansäure, Essigsäure		C_6H_5Cl	112,558	$CaClOCl$	126,983
C_2H_5	29,062	C_6H_5I	204,010	„Chlorkalk"	
$2 C_2H_5$	58,123	$C_6H_5O_2N$	123,111	CaF_2	78,075
$3 C_2H_5$	87,195	Nitrobenzol		$Ca(HCO_3)_2$	162,112
$4 C_2H_5$	116,247	C_6H_6	78,114	$CaHPO_4$	136,057
C_2H_5Br	108,966	C_6H_6O	94,113	$CaHPO_4 \cdot 2 H_2O$	172,088
C_2H_5Cl	64,514	Phenol		$Ca(NO_3)_2$	164,088
C_2H_5F	48,060	C_6H_7N	93,128	$Ca(NO_3)_2 \cdot 4 H_2O$	236,149
C_2H_5I	155,966	Anilin		CaO	56,077
C_2H_6	30,070	$C_6H_8O_2$	112,128	$Ca(OH)_2$	74,093
C_2H_6O	46,069	C_6H_{12}	84,161	$Ca_3(PO_4)_2$	310,177
Ethanol, Dimethylether		$C_6H_{12}O_6$	180,158	CaS	72,144
		Hexosen, z. B. Glucose		$CaSO_4$	136,142
$C_3, 3C$	36,033			$CaSO_4 \cdot \frac{1}{2} H_2O$	145,149
C_3H_4	40,065	$C_7, 7C$	84,077	$CaSO_4 \cdot 2 H_2O$	172,172
C_3H_5	41,073	C_7H_5O	105,116	$CaSiO_3$	116,162
C_3H_6O	58,080	Benzoylrest			
Propanon, Aceton		$C_7H_6O_2$	122,123		
$C_3H_6O_2$	74,079	Benzoesäure		**Cd**	112,411
Propansäure, Propionsäure		$C_7H_6O_3$	138,123	$Cd(CH_3COO)_2 \cdot 2 H_2O$	
$C_3H_6O_3$	90,079	Salicylsäure			266,531
C_3H_7	43,089	C_7H_8	92,141	$CdCO_3$	172,420
$2 C_3H_7$	86,177			$CdCl_2$	183,316
$3 C_3H_7$	129,266	$C_8, 8C$	96,088	$CdCl_2 \cdot H_2O$	201,332
C_3H_8	44,097	C_8H_{10}	106,167		

6

	M g/mol
$Cd(NO_3)_2 \cdot 4 H_2O$	308,482
CdO	128,410
$Cd(OH)_2$	146,426
CdS	144,477
$CdSO_4$	208,475
$CdSO_4 \cdot \frac{8}{3} H_2O$	256,515
Ce	140,115
$Ce(SO_4)_2 \cdot 4 H_2O$	404,303
Cl	35,4527
Cl_2, 2 Cl	70,9054
3 Cl	106,3581
4 Cl	141,8108
5 Cl	177,2635
6 Cl	212,7162
ClO_2	67,4515
ClO_3	83,4509
$\frac{1}{6} ClO_3$	13,9085
Cl_2O_5	150,9024
Cl_2O_7	182,9012
HCl	36,4606
HClO	52,4600
$HClO_3$	84,4588
$HClO_4$	100,4582
Co	58,93320
$CoCO_3$	118,942
$CoC_2O_4 \cdot 2 H_2O$	182,983
$CoCl_2 \cdot 6 H_2O$	237,9303
$Co(NO_3)_2 \cdot 6 H_2O$	291,0348
CoO	74,9326
$Co(OH)_2$	92,9479
CoS	90,999
$CoSO_4$	154,997
$CoSO_4 \cdot 7 H_2O$	281,104
Cr	51,9961
$CrCl_3$	158,3542
$CrCl_3 \cdot 6 H_2O$	266,4459
$Cr(NO_3)_3$	238,0109
$Cr(NO_3)_3 \cdot 9 H_2O$	400,1484
CrO_2Cl_2	154,9003
$Cr(OH)_3$	103,0181
CrO_3	99,9943
CrO_4	115,9937
Cr_2O_3	151,9904
Cr_2O_7	215,9880
$\frac{1}{6} Cr_2O_7$	35,9980
$Cr_2(SO_4)_3$	392,183
$Cr_2(SO_4)_3 \cdot 18 H_2O$	716,458

	M g/mol
Cu	63,546
$Cu(C_9H_6ON)_2$	351,852
Oxinat	
CuCN	89,564
CuCl	98,999
$CuCl_2$	134,451
$CuCl_2 \cdot 2 H_2O$	170,482
$CuFeS_2$	183,525
CuI	190,450
$[Cu(NH3)_4]SO_4 \cdot H_2O$	245,747
$Cu(NO_3)_2 \cdot 3 H_2O$	241,602
CuO	79,545
Cu_2O	143,091
$Cu(OH)_2$	97,561
CuS	95,612
Cu_2S	159,158
CuSCN	121,630
$CuSO_4$	159,610
$CuSO_4 \cdot H_2O$	177,625
$CuSO_4 \cdot 5 H_2O$	249,686
F	18,9984032
F_2	37,9968064
HF	20,00634
H_2F_2	40,01269
Fe	55,847
$Fe(C_9H_6ON)_3$	488,305
Oxinat	
$[Fe(CN)_6]$	211,953
$FeCO_3$	115,856
$Fe(CO)_5$	195,899
$FeCl_3$	162,205
$FeCl_3 \cdot 6 H_2O$	270,297
$Fe(HCO_3)_2$	177,881
$Fe(NH_4)_2(SO_4)_2 \cdot 6 H_2O$	392,143
FeO	71,846
Fe_2O_3	159,692
Fe_3O_4	231,539
$Fe(OH)_3$	106,869
$FePO_4$	150,818
FeS	87,913
FeS_2	119,979
$FeSO_4$	151,911
$FeSO_4 \cdot 7 H_2O$	278,018
$Fe_2(SO_4)_3$	399,885
$Fe_2(SO_4)_3 \cdot 9 H_2O$	562,022
H	1,00794
H_2	2,01588
HCN	27,026

	M g/mol
HCNS|HSCN	59,092
H_2O	18,0153
$2 H_2O$	36,0306
$3 H_2O$	54,0458
$4 H_2O$	72,0611
$5 H_2O$	90,0764
$6 H_2O$	108,0917
$7 H_2O$	126,1070
$8 H_2O$	144,1222
$9 H_2O$	162,1375
$10 H_2O$	180,1528
H_2O_2	34,0147
Hg	200,59
$Hg(CN)_2$	252,63
$HgCl_2$	271,50
Hg_2Cl_2	472,09
HgI_2	454,40
$[HgI_4]$	708,21
$Hg(NO_3)_2$	324,60
HgO	216,59
HgS	232,66
$Hg(SCN)_2$	316,76
$HgSO_4$	296,65
I	126,90447
I_2	253,80894
IO_3	174,9027
$\frac{1}{6} IO_3$	29,1504
HI	127,91241
HIO_3	175,9106
HIO_4	191,9100
K	39,0983
$KAl(SO_4)_2 \cdot 12 H_2O$	474,390
$KAlSi_3O_8$	278,3315
$K[B(C_6H_5)_4]$	358,332
KBF_4	129,903
KBr	119,002
$KBrO_3$	167,001
$\frac{1}{6} KBrO_3$	27,834
KCN	65,116
K_2CO_3	138,206
$K_2C_2O_4 \cdot H_2O$	184,231
KCl	74,5510
$KClO_3$	122,5492
$\frac{1}{6} KClO_3$	20,4249
$KClO_4$	138,5486
$K_3[Co(NO_2)_6]$	452,2613
K_2CrO_4	194,1903
$K_2Cr_2O_7$	294,1846
$\frac{1}{6} K_2Cr_2O_7$	49,0308
$KCr(SO_4)_2 \cdot 12 H_2O$	499,405

	M g/mol		M g/mol		M g/mol
KF	58,0967	**Mn**	54,93805	NH_4NO_2	64,0440
$K_3[Fe(CN)_6]$	329,248	$MnCO_3$	114,947	NH_4NO_3	80,0434
$K_4[Fe(CN)_6]$	368,347	$MnCl_2 \cdot 4\,H_2O$	197,9046	$NH_4NaHPO_4 \cdot 4\,H_2O$	
$KHCO_3$	100,115	MnO	70,9375		209,0687
KH_2PO_4	136,0855	MnO_2	86,9369	NH_4OH	35,0458
K_2HPO_4	174,1759	MnO_4	118,9357	$(NH_4)_3PO_4$	149,0869
KHS	72,172	Mn_2O_3	157,8743	$(NH_4)_2S$	68,143
$KHSO_4$	136,170	Mn_3O_4	228,8118	NH_4SCN	76,122
KI	166,0028	$Mn(OH)_2$	88,9527	$(NH_4)_2SO_4$	132,141
KIO_3	214,0010	$Mn_2P_2O_7$	283,8194	$(NH_4)_2S_2O_3$	148,207
$\frac{1}{6}KIO_3$	35,6668	MnS	87,004	$(NH_4)_2S_2O_8$	228,204
$KMnO_4$	158,0340	$MnSO_4$	151,002	NH_4ZnPO_4	178,40
$\frac{1}{5}KMnO_4$	31,6068	$MnSO_4 \cdot 5\,H_2O$	241,078		
KNO_2	85,1038	$MnSO_4 \cdot 7\,H_2O$	277,109	N_2H_4	32,04524
KNO_3	101,1032			NO	30,0061
K_2O	94,1960			NO_2	46,0055
KOH	56,1056	**Mo**	95,94	HNO_2	47,0135
K_3PO_4	212,2663	MoO_3	143,94	NO_3	62,0049
$K_4P_2O_7$	330,3365	MoS_2	160,07	$2\,NO_3$	124,0099
K_2PtCl_6	485,99	$PbMoO_4$	367,1	$3\,NO_3$	186,0148
KSCN	97,182			$4\,NO_3$	248,0198
K_2SO_3	158,261			HNO_3	63,0129
K_2SO_4	174,260	**N**	14,00674	N_2O_3	76,0117
$K_2S_2O_8$	270,324	N_2	28,01348	N_2O_5	108,0105
K_2SiF_6	220,2725	NH_2	16,02262		
		$2\,NH_2$	32,05424		
		$3\,NH_2$	48,06786		
Li	6,941	$4\,NH_2$	64,09048	**Na**	22,989768
$LiAlH_4$	37,954	$5\,NH_2$	80,11319	Na_3AlF_6	209,94126
Li_2CO_3	73,891	$6\,NH_2$	96,13572	$NaAlSi_3O_8$	262,2230
LiCl	42,394	NH_2OH	33,0300	$Na[B(C_6H_5)_4]$	342,224
$LiNO_3$	68,946	NH_3	17,03056	$NaBO_3 \cdot 4\,H_2O$	153,860
LiOH	23,948			$Na_2B_4O_7$	201,219
Li_3PO_4	115,794	**NH_4**	18,03850	$Na_2B_4O_7 \cdot 10\,H_2O$	
Li_2SO_4	109,946	$NH_4Al(SO_4)_2 \cdot 12\,H_2O$			381,372
			453,331	NaBr	102,894
		NH_4Br	97,943	NaCN	49,008
Mg	24,3050	NH_4CH_3COO	77,943	Na_2CO_3	105,989
$Mg(C_9H_6ON)_2$	312,611	$(NH_4)_2CO_3$	96,086	$Na_2CO_3 \cdot 10\,H_2O$	286,142
Oxinat		$(NH_4)_2C_2O_4 \cdot H_2O$		$Na_2C_2O_4$	133,999
$Mg(C_9H_6ON)_2 \cdot 2\,H_2O$			142,112	$NaCH_3COO$	82,034
	348,641	NH_4Cl	53,4912	$NaCH_3COO \cdot 3\,H_2O$	
$MgCO_3$	84,314	$(NH_4)_2CrO_4$	152,0707		136,080
$MgCl_2$	95,2104	$(NH_4)_2Cr_2O_7$	252,0650	NaCl	58,4425
$MgCl_2 \cdot 6\,H_2O$	203,3021	$NH_4Cr(SO_4)_2 \cdot 12\,H_2O$		NaClO	74,4419
$Mg(HCO_3)_2$	146,339		478,345	$NaClO_3$	106,4407
$MgBH_4AsO_4 \cdot 6\,H_2O$		$NH_4Fe(SO_4)_2 \cdot 12\,H_2O$		$Na_2Cr_2O_7 \cdot 2\,H_2O$	
	289,3544		482,196		297,9981
$MgNH_4PO_4 \cdot 6\,H_2O$		$(NH_4)_2Fe(SO_4)_2 \cdot 6\,H_2O$		NaF	41,98817
	245,4065		392,143	$NaHCO_3$	84,007
$Mg(NO_3)_2$	148,3149	$NH_4H_2PO_4$	115,0257	$Na_2H_2(C_{10}H_{12}O_8N_2) \cdot 2\,H_2O$	
MgO	40,3044	$(NH_4)_2HPO_4$	132,0563	„Na–EDTA"	372,240
$Mg(OH)_2$	58,3197	NH_4HS	51,112	NaH_2PO_4	119,9770
$Mg_2P_2O_7$	222,5533	NH_4I	144,94297	Na_2HPO_4	141,9588
$MgSO_4$	120,369	$(NH_4MgAsO_4)_2 \cdot H_2O$		$NaHSO_4$	120,061
$MgSO_4 \cdot 7\,H_2O$	246,476		380,5407	NaI	149,89424
$MgSiO_3$	100,3887	$NH_4MgPO_4 \cdot 6\,H_2O$		$NaIO_3$	197,8924
Mg_2SiO_4	140,6931		245,4065	$NaNH_4HPO_4 \cdot 4\,H_2O$	
					209,0687

	M g/mol
$NaNO_2$	68,9953
$NaNO_3$	84,9947
Na_2O	61,9789
Na_2O_2	77,9783
$NaOH$	39,9971
Na_3PO_4	163,9407
Na_2S	78,046
$Na_2S \cdot 9H_2O$	240,183
$NaSCN$	81,074
$Na_2SO_3 \cdot 7H_2O$	252,151
Na_2SO_4	142,043
$Na_2S_2O_3$	158,110
$Na_2S_2O_3 \cdot 5H_2O$	248,186
Na_2SiF_6	188,0555
$NaSiO_3$	122,0632
$Na_2[Sn(OH)_6]$	266,734
Ni	58,69
$NiC_8H_{14}O_4N_4$	288,91
Diacetyldioxim	
$Ni(CO)_4$	170,73
$NiCO_3$	118,70
$NiCl_2$	129,60
$NiCl \cdot 6H_2O$	237,69
$Ni(NO_3)_2 \cdot 6H_2O$	290,79
NiO	74,69
NiS	90,76
$NiSO_4$	154,75
$NiSO_4 \cdot 7H_2O$	280,86
O	15,9994
O_2	31,9988
O_3	47,9982
OH	17,0073
$(OH)_2, 2OH$	34,0147
$(OH)_3, 3OH$	51,0220
P	30,973762
PCl_3	137,3319
PCl_5	208,2373
P_2O_3 [1]	109,9457
P_2O_5 [1]	141,9445
$POCl_3$	153,3313
HPO_3	79,9790
H_3PO_3	81,9958
H_3PO_4	97,9952
$H_4P_2O_7$	177,9751

	M g/mol
Pb	207,2
$Pb(CH_3COO)_2$	325,3
$Pb(CH_3COO)_2 \cdot 3H_2O$	379,3
$Pb(CH_3COO)_4$	443,4
$PbCl_2$	278,1
$PbCrO_4$	323,2
PbI_2	461,0
$PbMoO_4$	367,1
$Pb(NO_3)_2$	331,2
PbO	223,2
PbO_2	239,2
Pb_3O_4	685,6
PbS	239,3
$PbSO_4$	303,3
S	32,066
S_2Cl_2	135,037
SO_2	64,065
SO_3	80,064
SO_3H	81,072
$2SO_3H$	162,144
SO_4	96,064
H_2S	34,082
H_2SO_3	82,080
H_2SO_4	98,079
$H_2S_2O_8$	194,143
Sb	121,75
$SbCl_3$	228,11
$SbCl_5$	299,01
Sb_2O_3	291,50
Sb_2O_5	323,50
$SbOCl$	173,20
Sb_2S_3	339,70
Sb_2S_5	403,83
Si	28,0855
$SiCl_4$	169,8963
SiF_4	104,0791
SiH_4	32,1173
SiO_2	60,0843
SiO_3	76,0837
SiO_4	92,0831
H_2SiF_6	144,0918
H_2SiO_3	78,0996
H_4SiO_4	96,1149

	M g/mol
Sn	118,710
$SnCl_2$	189,615
$SnCl_2 \cdot 2H_2O$	225,646
$SnCl_4$	260,521
SnO	134,709
SnO_2	150,709
SnS	150,776
SnS_2	182,842
Sr	87,62
$SrCO_3$	147,63
$SrCl_2$	158,53
$SrCl_2 \cdot 6H_2O$	266,62
$Sr(NO_3)_2$	211,63
$Sr(NO_3)_2 \cdot 4H_2O$	283,69
$Sr(OH)_2 \cdot 8H_2O$	265,76
$SrSO_4$	183,68
Ti	47,88
$TiCl_3$	154,24
$TiCl_4$	189,69
TiO_2	79,88
$TiOSO_4$	159,94
$Ti_3(PO_4)_4$	523,53
U	238,0289
UO_2	270,0277
$UO_2(CH_3COO)_2$	388,117
$UO_2(CH_3COO)_2 \cdot 2H_2O$	424,148
$UO_2(NO_3)_2 \cdot 12H_2O$	610,2209
Zn	65,39
$Zn(C_9H_6ON)_2$	353,70
Oxinat	
$ZnCO_3$	125,40
$ZnCl_2$	136,30
$ZnNH_4PO_4$	178,40
$Zn(NO_3)_2$	189,40
ZnO	81,39
$Zn(OH)_2$	99,40
$Zn_2P_2O_7$	304,72
ZnS	97,46
$ZnSO_4$	161,45
$ZnSO_4 \cdot 7H_2O$	287,56

[1]) In der Literatur auch P_4O_6 bzw. P_4O_{10}

10 Gleichgewichtskonstanten

10.1 Säurekonstanten

Die Daten beziehen sich auf die einzelnen Dissoziationsstufen, DSt, Beispiel Phosphorsäure:

$$H_3PO_4 + H_2O \rightleftarrows H_3O^+ + H_2PO_4^-$$

$$K_{S1}(H_3PO_4) = \frac{c(H_3O^+) \cdot c(H_2PO_4^-)}{c(H_3PO_4)} = 7{,}5 \cdot 10^{-3} \, mol/L$$

$$H_3PO_4^- + H_2O \rightleftarrows H_3O^+ + HPO_4^{2-}$$

$$K_{S2}(H_3PO_4) = \frac{c(H_3O^+) \cdot c(HPO_4^{2-})}{c(H_2PO_4^-)} = 6{,}23 \cdot 10^{-8} \, mol/L$$

$$HPO_4^{2-} + H_2O \rightleftarrows H_3O^+ + PO_4^{3-}$$

$$K_{S3}(H_3PO_4) = \frac{c(H_3O^+) \cdot c(PO_4^{3-})}{c(H_2PO_4^{2-})} = 1{,}80 \cdot 10^{-12} \, mol/L$$

Anorganische Säuren

Säure	DSt	K_S $(mol/L)^N$	bei ϑ °C
H_3AsO_3	I	$4 \cdot 10^{-10}$	25
	II	$3 \cdot 10^{-14}$	25
	III	$< 10^{-15}$	25
H_3AsO_4	I	$5{,}62 \cdot 10^{-3}$	18
	II	$1{,}70 \cdot 10^{-7}$	18
	III	$3{,}95 \cdot 10^{-12}$	18
H_3BO_3	I	$7{,}3 \cdot 10^{-10}$	20
	II	$1{,}8 \cdot 10^{-13}$	20
	III	$1{,}6 \cdot 10^{-14}$	20
HBr		10^9	25
HCl		10^7	25
HClO		$3{,}2 \cdot 10^{-8}$	15
$HClO_2$		$5 \cdot 10^{-3}$	25
$HClO_3$		1	25
$HClO_4$		10^9	25
H_2CO_3	I	$4{,}31 \cdot 10^{-7}$	25
	II	$5{,}61 \cdot 10^{-11}$	25
H_2CrO_4	I	$1{,}8 \cdot 10^{-1}$	25
	II	$3{,}2 \cdot 10^{-7}$	25

Säure	DSt	K_S $(mol/L)^N$	bei ϑ °C
HF		$3{,}53 \cdot 10^{-4}$	25
HI		$3 \cdot 10^9$	25
HNO_2		$7 \cdot 10^{-4}$	20
HNO_3		22	30
H_2O		$1{,}82 \cdot 10^{-16}$	25
H_2O_2		$2{,}4 \cdot 10^{-12}$	25
H_3PO_4	I	$7{,}5 \cdot 10^{-3}$	25
	II	$6{,}23 \cdot 10^{-8}$	25
	III	$1{,}80 \cdot 10^{-12}$	25
H_2S	I	$8{,}7 \cdot 10^{-8}$	20
	II	$3{,}63 \cdot 10^{-12}$	20
H_2SO_3	I	$1{,}54 \cdot 10^{-2}$	18
	II	$1{,}02 \cdot 10^{-7}$	18
H_2SO_4	II	$1{,}27 \cdot 10^{-2}$	20
H_2SiO_3	I	$3{,}1 \cdot 10^{-10}$	25
	II	$1{,}7 \cdot 10^{-12}$	25
H_4SiO_4	I	$2{,}2 \cdot 10^{-10}$	30
	II	$2{,}2 \cdot 10^{-12}$	30
	III	$1 \cdot 10^{-12}$	30
	IV	$1 \cdot 10^{-12}$	30

Organische Säuren

Säure	Formel	DSt	K_S $(mol/L)^N$	bei ϑ °C
Acetessigsäure	$CH_3 - CO - CH_2 - COOH$		$2{,}62 \cdot 10^{-4}$	18
Acrylsäure	$CH_2 = CH - COOH$		$5{,}6 \cdot 10^{-4}$	18
Adipinsäure	$HOOC - (CH_2)_4 - COOH$	I	$3{,}9 \cdot 10^{-5}$	18
		II	$5{,}3 \cdot 10^{-6}$	
Ameisensäure	$HCOOH$		$1{,}765 \cdot 10^{-4}$	20
4-Aminobenzoesäure	$H_2N - C_6H_4 - COOH$		$1{,}18 \cdot 10^{-54}$	25
L-Ascorbinsäure	$C_6H_8O_6$	I	$7{,}94 \cdot 10^{-5}$	25
		II	$1{,}62 \cdot 10^{-12}$	16

Fortsetzung

Organische Säuren

Säure	Formel	DSt	K_S $(mol/L)^N$	bei ϑ °C
Benzoesäure	$C_6H_5 - COOH$		$6,237 \cdot 10^{-5}$	20
Benzolsulfonsäure	$C_6H_5 - SO_3H$		$2 \cdot 10^{-1}$	25
Bernsteinsäure	$HOOC - (CH_2)_2 - COOH$	I	$6,07 \cdot 10^{-5}$	20
		II	$2,3 \; \cdot 10^{-6}$	20
Brenzcatechin	$C_6H_4(OH)_2$		$1,4 \; \cdot 10^{-10}$	20
1,2-Dihydroxybenzol				
Buttersäure	$CH_3 - (CH_2)_2 - COOH$		$1,542 \cdot 10^{-5}$	20
2-**C**hlorphenol	$C_6H_4(OH)Cl$		$3,0 \; \cdot 10^{-10}$	25
3-Chlorphenol			$8,5 \; \cdot 10^{-10}$	25
4-Chlorphenol			$4,3 \; \cdot 10^{-10}$	25
Citronensäure	$HOOCCH_2(OH)C(COOH)CH_2COOH$	I	$7,21 \cdot 10^{-4}$	20
		II	$1,70 \cdot 10^{-5}$	20
		III	$4,09 \cdot 10^{-5}$	20
Dichloressigsäure	$CHCl_2 - COOH$		$5,1 \; \cdot 10^{-12}$	25
Essigsäure	$CH_3 - COOH$		$1,753 \cdot 10^{-5}$	20
			$1,76 \cdot 10^{-5}$	25
Ethylendiamin-	$(HOOCCH_2)_2N(CH_2)_2N(CH_2COOH)_2$	I	$1,0 \; \cdot 10^{-2}$	
tetraessigsäure		II	$2,2 \; \cdot 10^{-3}$	
		III	$6,9 \; \cdot 10^{-7}$	
		IV	$5,8 \; \cdot 10^{-11}$	
Fumarsäure	$HOOC - CH = CH - COOH$ trans	I	$9,5 \; \cdot 10^{-4}$	25
		II	$2,73 \cdot 10^{-5}$	
Glutarsäure	$HOOC - CH_2 - CH_2 - CH_2 - COOH$	I	$4,85 \cdot 10^{-5}$	25
		II	$3,89 \cdot 10^{-6}$	25
Glycerin	$CH_2OH - CHOH - CH_2OH$		$7,0 \; \cdot 10^{-15}$	17,5
Glykol	$CH_2OH - CH_2OH$		$6 \cdot 10^{-15}$	19
Hydrochinon	$C_6H_4(OH)_2$	I	$0,91 \cdot 10^{-10}$	20
1,4-Dihydroxybenzol		II	$1,5 \; \cdot 10^{-12}$	20
2-**K**resol	$CH_3 - C_6H_4 - OH$		$6,3 \; \cdot 10^{-11}$	
2-Hydroxymethylbenzol				
3-Kresol			$9,8 \; \cdot 10^{-11}$	
4-Kresol			$6,7 \; \cdot 10^{-11}$	
Maleinsäure	$HOOC - CH = CH - COOH$ cis	I	$1,5 \; \cdot 10^{-2}$	25
		II	$7,7 \; \cdot 10^{-7}$	
Malonsäure	$HOOC - CH_2 - COOH$	I	$1,49 \cdot 10^{-3}$	20
		II	$2,03 \cdot 10^{-6}$	
Milchsäure	$CH_3 - CH(OH) - COOH$		$1,374 \cdot 10^{-4}$	25
Monochloressigsäure	$CH_3(OH) - COOH$		$1,3944 \cdot 10^{-3}$	20
1-**N**aphthol α-Naphthol	$C_{10}H_7OH$		$4,6 \; \cdot 10^{-10}$	25
2-Naphthol				25
2-Nitrophenol	$C_6H_4(OH) - NO_2$		$6,8 \; \cdot 10^{-8}$	25
3-Nitrophenol			$5,3 \; \cdot 10^{-8}$	25
4-Nitrophenol			$1,38 \; \cdot 10^{-9}$	25
Oxalsäure	$HOOC - COOH$	I	$5,90 \cdot 10^{-2}$	25
		II	$6,40 \cdot 10^{-5}$	25
Palmitinsäure	$CH_3 - (CH_2)_{14} - COOH$		$2,0 \; \cdot 10^{-6}$	25
Phenol	C_6H_5OH		$1,05 \; \cdot 10^{-10}$	20
Phenolphthalein	$C_{20}H_{14}O_4$		$2 \cdot 10^{-10}$	18
Pikrinsäure	$C_6H_2(NO_2)_3 - OH$		$4,2 \; \cdot 10^{-1}$	25
Propionsäure	$CH_3 - CH_2 - COOH$		$1,338 \; \cdot 10^{-5}$	20
Resorcin	$C_6H_4(OH)_2$		$1,55 \; \cdot 10^{-10}$	25
1,3-Dihydroxybenzol				19

Fortsetzung
Organische Säuren

Säure	Formel	DSt	K_S $(mol/L)^N$	bei ϑ °C
Salicylsäure	$C_6H_4OH - COOH$	I	$1{,}07 \cdot 10^{-3}$	18
		II	$4{,}0 \cdot 10^{-14}$	20
Sulfanilsäure	$H_2N - C_6H_4 - SO_3H$		$3{,}254 \cdot 10^{-3}$	25
Trichloressigsäure	$CCl_3 - COOH$		$2 \cdot 10^{-1}$	25
Valeriansäure	$CH_3 - (CH_2)_3 - COOH$		$1{,}38 \cdot 10^{-5}$	
D-**W**einsäure	$C_4H_6O_6$	I	$9{,}04 \cdot 10^{-4}$	20
L-Weinsäure		II	$4{,}25 \cdot 10^{-5}$	20
DL-Weinsäure		I	$9{,}7 \cdot 10^{-4}$	25
meso-Weinsäure		I	$1{,}18 \cdot 10^{-8}$	25
		I	$6 \cdot 10^{-4}$	25
		II	$1{,}5 \cdot 10^{-5}$	25

10.2 Basenkonstanten

zu den Dissoziationsstufen (DSt) siehe 10.1

Anorganische Basen

Base	DSt	K_B $(mol/L)^N$	bei ϑ °C
AgOH		$1{,}1 \cdot 10^{-4}$	25
Ba(OH)$_2$	II	$0{,}23$	25
Be(OH)$_2$	II	$5 \cdot 10^{-11}$	25
Ca(OH)$_2$	I	$3{,}74 \cdot 10^{-3}$	25
	II	$4{,}3 \cdot 10^{-2}$	25
LiOH		$0{,}665$	25
NH$_3$		$1{,}71 \cdot 10^{-5}$	20
		$1{,}79 \cdot 10^{-5}$	25
		$1{,}82 \cdot 10^{-5}$	30

Base	DSt	K_B $(mol/L)^N$	bei ϑ °C
N$_2$H$_4$	I	$8{,}5 \cdot 10^{-7}$	25
	II	$8{,}9 \cdot 10^{-16}$	25
NH$_2$OH		$1{,}07 \cdot 10^{-8}$	20
NaOH		$4 \cdots 6$	20
Pb(OH)$_2$	I	$9{,}6 \cdot 10^{-4}$	25
	II	$3 \cdot 10^{-8}$	25
Sr(OH)$_2$	II	$0{,}150$	25
Zn(OH)$_2$	I	$9{,}6 \cdot 10^{-4}$	25
	II	$1{,}5 \cdot 10^{-9}$	25

Organische Basen

Base	Formel	DSt	K_B $(mol/L)^N$	bei ϑ °C
Acetamid	$CH_3 - CO - NH_2$		$3{,}1 \cdot 10^{-15}$	25
Anilin	$C_6H_5 - NH_2$		$4{,}0 \cdot 10^{-15}$	20
Benzidin	$H_2N - C_6H_4 - C_6H_4 - NH_2$	I	$9{,}3 \cdot 10^{-10}$	30
		II	$5{,}6 \cdot 10^{-11}$	
Diethylamin	$(C_2H_5)_2 - NH$		$8{,}57 \cdot 10^{-4}$	25
Dimethylamin	$(CH_3)_2 - NH$		$5{,}689 \cdot 10^{-4}$	20
Diphenylamin	$C_{12}H_{11}N$		$7{,}6 \cdot 10^{-14}$	15
Ethylamin	$CH_3 - CH_2 - NH_2$		$3{,}02 \cdot 10^{-4}$	20
Methylamin	$CH_3 - NH_2$		$4{,}169 \cdot 10^{-4}$	20
Phenylhydrazin	$C_6H_5 - NH - NH_2$		$1{,}6 \cdot 10^{-9}$	40
Pyridin	C_5H_5N		$1{,}15 \cdot 10^{-9}$	20
2-Toluidin 2-Aminotoluol	$CH_3 - C_6H_4 - NH_2$		$2{,}9 \cdot 10^{-10}$	25
3-Toluidin			$4{,}6 \cdot 10^{-10}$	25
4-Toluidin			$1{,}253 \cdot 10^{-9}$	25
Triethylamin	$(C_2H_5)_3 - N$		$5{,}65 \cdot 10^{-4}$	25
Trimethylamin	$(CH_3)_3 - N$		$5{,}75 \cdot 10^{-5}$	20

10.3 Löslichkeitsprodukte

K_L: **Löslichkeitsprodukt** in $(mol/L)^N$

K_L ist das Produkt der Ionenkonzentrationen in der gesättigten Lösung eines schwerlöslichen Salzes. Die Anzahl der Kationen bzw. Anionen pro Formeleinheit erscheint bei der Berechnung als Exponent der Konzentrationen, z.B. $K_L(Bi_2S_3) = c^2(Bi^{3+}) \cdot c^3(S^{2-})\,(mol/L)^5$. Der Exponent N der Einheit $(mol/L)^N$ ist die Summe der Exponenten von c, im Beispiel also 5.
K_L ist temperaturabhängig.

ϑ: **Temperatur** 25 °C, wenn nicht anders angegeben.

Verbin-dung	K_L $(mol/L)^N$	ϑ °C
Ag$_3$AsO$_4$	$1,0\cdot10^{-19}$	
AgBr	$6,3\cdot10^{-13}$	
AgBrO$_3$	$5,77\cdot10^{-5}$	
AgCl	$1,61\cdot10^{-10}$	20
	$13,2\cdot10^{-10}$	50
AgCN	$7\cdot10^{-15}$	
Ag$_2$CO$_3$	$6,15\cdot10^{-12}$	
Ag$_2$CrO$_4$	$4,05\cdot10^{-12}$	
Ag$_2$Cr$_2$O$_7$	$2\cdot10^{-7}$	
AgI	$1,5\cdot10^{-16}$	
AgIO$_3$	$3,2\cdot10^{-8}$	
AgOH	$1,24\cdot10^{-8}$	18
Ag$_3$PO$_4$	$1,8\cdot10^{-18}$	20
Ag$_2$S	$1,6\cdot10^{-49}$	18
AgSCN	$1,16\cdot10^{-12}$	
Ag$_2$SO$_4$	$7,7\cdot10^{-5}$	
Ag$_2$S$_2$O$_3$	$1,16\cdot10^{-12}$	
Al(OH)$_3$ [1])	$3,7\cdot10^{-15}$	
Al(OH)$_3$	$2\cdot10^{-33}$	
As$_2$S$_3$	$4\cdot10^{-29}$	18
BaCO$_3$	$7\cdot10^{-9}$	16
BaCrO$_4$	$1,6\cdot10^{-10}$	18
Ba(IO$_3$)$_2$	$6,5\cdot10^{-10}$	
BaMnO$_4$	$2,5\cdot10^{-10}$	
BaSO$_4$	$1,08\cdot10^{-10}$	
	$1,98\cdot10^{-10}$	50
Be(OH)$_2$	$5\cdot10^{-11}$	
Bi(OH)$_3$	$4,3\cdot10^{-31}$	18
BiOCl	$1,6\cdot10^{-31}$	
Bi$_2$S$_3$	$1,6\cdot10^{-72}$	18
CaCO$_3$	$0,87\cdot10^{-8}$	
Ca(COO)$_2$	$1,78\cdot10^{-9}$	18
Ca(OH)$_2$	$5,47\cdot10^{-6}$	18

Verbin-dung	K_L $(mol/L)^N$	ϑ °C
CaCrO$_4$	$2,3\cdot10^{-2}$	18
CaF$_2$	$3,4\cdot10^{-11}$	18
Ca$_3$(PO$_4$)$_2$	$1\cdot10^{-25}$	
CaSO$_4$	$6,1\cdot10^{-5}$	10
CdCO$_3$	$2,5\cdot10^{-14}$	
Cd(OH)$_2$	$1,2\cdot10^{-14}$	18
CdS	$1\cdot10^{-29}$	18
CoCO$_3$	$1\cdot10^{-12}$	
Co(OH)$_2$	$2,0\cdot10^{-16}$	
CoS	$1,9\cdot10^{-27}$	20
Cr(OH)$_3$	$1\cdot10^{-30}$	
CuBr	$4,2\cdot10^{-8}$	20
CuCl	$1,02\cdot10^{-6}$	20
CuCO$_3$	$1,4\cdot10^{-10}$	
CuI	$5,06\cdot10^{-12}$	20
Cu(OH)$_2$	$2,95\cdot10^{-13}$	
Cu$_2$S	$2\cdot10^{-47}$	18
CuS	$8\cdot10^{-45}$	18
CuSCN	$1,6\cdot10^{-11}$	18
FeCO$_3$	$2,5\cdot10^{-11}$	20
Fe(COO)$_2$	$2,1\cdot10^{-7}$	
Fe(OH)$_2$	$4,8\cdot10^{-16}$	18
Fe(OH)$_3$	$3,8\cdot10^{-38}$	18
FeS	$3,7\cdot10^{-19}$	18
Hg$_2$Cl$_2$	$2\cdot10^{-18}$	
HgCN	$5\cdot10^{-40}$	
HgI	$1,2\cdot10^{-28}$	
HgO	$1,7\cdot10^{-26}$	
Hg$_2$S	$1\cdot10^{-47}$	18
HgS	$3\cdot10^{-54}$	18
MgCO$_3$	$2,6\cdot10^{-5}$	12

Verbin-dung	K_L $(mol/L)^N$	ϑ °C
MgF$_2$	$6,4\cdot10^{-9}$	27
MgNH$_4$PO$_4$	$2,5\cdot10^{-13}$	
Mg(OH)$_2$	$6\cdot10^{-10}$	18
MnCO$_3$	$1\cdot10^{-10}$	
Mn(OH)$_2$	$4\cdot10^{-14}$	18
MnS	$7\cdot10^{-16}$	18
NiCO$_3$	$1,35\cdot10^{-7}$	
Ni(OH)$_2$	$1,6\cdot10^{-14}$	20
NiS	$1\cdot10^{-26}$	
PbCO$_3$	$3,3\cdot10^{-14}$	18
Pb(COO)$_2$	$2,74\cdot10^{-11}$	18
PbCl$_2$	$2,12\cdot10^{-5}$	
PbCrO$_4$	$1,77\cdot10^{-14}$	
PbI$_2$	$8,7\cdot10^{-9}$	
Pb$_3$(PO$_4$)$_2$	$2,95\cdot10^{-44}$	375
PbS	$3,4\cdot10^{-28}$	18
PbSO$_4$	$1,5\cdot10^{-8}$	
Sb(OH)$_3$	$4\cdot10^{-42}$	
Sn(OH)$_2$	$5\cdot10^{-26}$	
Sn(OH)$_4$	$1\cdot10^{-56}$	
SnS	$1\cdot10^{-28}$	
SrCO$_3$	$1,6\cdot10^{-9}$	
Sr(COO)$_2$	$5,6\cdot10^{-8}$	
SrCrO$_4$	$3,6\cdot10^{-5}$	18
SrF$_2$	$3,0\cdot10^{-9}$	18
SrSO$_4$	$2,8\cdot10^{-7}$	
ZnCO$_3$	$6\cdot10^{-11}$	
Zn(COO)$_2$	$1,35\cdot10^{-9}$	18
Zn(OH)$_2$	$1,5\cdot10^{-9}$	
ZnS (α)	$6,9\cdot10^{-26}$	20
(β)	$1,1\cdot10^{-24}$	

[1]) frisch gefällt

10.4   Komplexbildungskonstanten (Stabilitätskonstanten)

Je größer die Komplexbildungskonstante, desto stabiler ist der Komplex.

Komplexe von Cu^{2+} mit Wasser und Ammoniak

Massenwirkungsgesetz	Komplexbildungskonstante in L/mol
$K_{K_1} = \dfrac{c([Cu(H_2O)_5(NH_3)]^{2+})}{c[Cu(H_2O)_6]^{2+} \cdot c(NH_3)}$	$1,35 \cdot 10^4$
$K_{K_2} = \dfrac{c([Cu(H_2O)_4(NH_3)_2]^{2+})}{c[Cu(H_2O)_5(NH_3)]^{2+} \cdot c(NH_3)}$	$3,02 \cdot 10^3$
$K_{K_3} = \dfrac{c([Cu(H_2O)_3(NH_3)_3]^{2+})}{c[Cu(H_2O)_4(NH_3)_2]^{2+} \cdot c(NH_3)}$	$7,41 \cdot 10^2$
$K_{K_4} = \dfrac{c([Cu(H_2O)_2(NH_3)_4]^{2+})}{c[Cu(H_2O)_3(NH_3)_3]^{2+} \cdot c(NH_3)}$	$7,41 \cdot 10^2$

Komplexe von Metallionen mit Ethylendiamintetraessigsäure

Metallionen bilden mit der vollständig dissoziierten Ethylendiamintetraessigsäure Y^{4-} so genannte Chelatkomplexe im Stoffmengenverhältnis 1:1. Summengleichung der Dissoziation der Säure:

$$H_4Y + 4H_2O \rightleftharpoons Y^{4-} + 4\,H_3O^+$$

Beispiel: $Mg^{2+} Y^{4-} \rightleftharpoons [MgY]^{2-}$ $K_K = \dfrac{c[MgY]^{2-}}{c(Mg^{2+}) \cdot c(Y^{4-})} = 5,0 \cdot 10^8\ \dfrac{L}{mol}$

Tabelle der Komplexbildungskonstanten (20 °C)

Metallion	Ag^+	Ba^{2+}	Sr^{2+}	Mg^{2+}	Ca^{2+}	Mn^{2+}	Fe^{2+}
K_K in L/mol	$2,0 \cdot 10^7$	$6,3 \cdot 10^7$	$4,0 \cdot 10^8$	$5,0 \cdot 10^8$	$5,0 \cdot 10^{10}$	$6,3 \cdot 10^{13}$	$2,0 \cdot 10^{14}$
Metallion	Al^{3+}	Co^{2+}	Zn^{2+}	Cd^{2+}	Au^{3+}	Pb^{2+}	Pd^{2+}
K_K in L/mol	$1,3 \cdot 10^{16}$	$2,0 \cdot 10^{16}$	$3,2 \cdot 10^{16}$	$3,2 \cdot 10^{16}$	$1,0 \cdot 10^{17}$	$1,0 \cdot 10^{18}$	$3,2 \cdot 10^{18}$
Metallion	Ni^{2+}	Cu^{2+}	Hg^{2+}	Sn^{2+}	Fe^{3+}	Bi^{3+}	Zr^{4+}
K_K in L/mol	$4,0 \cdot 10^{18}$	$6,3 \cdot 10^{18}$	$6,3 \cdot 10^{21}$	$1,3 \cdot 10^{22}$	$1,3 \cdot 10^{25}$	$7,9 \cdot 10^{27}$	$3,2 \cdot 10^{29}$

10.5   Verteilungskoeffizienten

Ein Stoff verteilt sich in zwei **nicht mischbaren** Lösemitteln so, dass das Verhältnis der Stoffmengenkonzentrationen in beiden Lösemitteln konstant wird.

Das Gleichgewicht ist von der Temperatur abhängig. Die Konzentration des gelösten Stoffes im Lösemittel 1 hängt von der Konzentration im Lösemittel 2 ab. Es ist $c_1(X) | c_2(X) = $ konst.

Dissoziiert oder assoziiert der gelöste Stoff in einem der beiden Lösemittel, dann ist der Zahlenwert der Konstanten K stark von der Konzentration abhängig.

ϑ: **Temperatur** in °C

$c_1(X)$:   **Stoffmengenkonzentration** des gelösten Stoffes im Lösemittel (1) in mol/L

$c_2(X)$:   **Stoffmengenkonzentration** des gelösten Stoffes im Lösemittel (2) in mol/L

K: **Konstante** c_1 / c_2 „Verteilungskoeffizient" $\boxed{117}$

System Wasser (1) / 1-Pentanol, Amylalkohol (2) [1] and others

Gelöster Stoff X	ϑ/°C	$c_1(X)$/mol/L	$c_2(X)$/mol/L	K_K
System Wasser (1) / 1-Pentanol, Amylalkohol (2)				[1]
Essigsäure CH_3COOH	20	0,08838	0,08034	1,10
		1,320	1,208	1,093
Methylamin CH_3NH_2	25	0,326	0,995	0,3276
		6,98	7,68	0,9089
Trimethylamin $(CH_3)_3N$	25	0,00875	0,2273	0,0385
		0,02474	0,6418	0,03855
Wasserstoffperoxid H_2O_2	25	0,0940	0,0134	7,015
		0,6700	0,0945	7,090
		0,9110	0,1300	7,008
System Wasser (1) / Tetrachlormethan (2)				
Aceton, Propanon $CH_3-CO-CH_3$	25	0,186	0,0833	2,233
		1,66	0,997	1,665
		2,87	2,10	1,367
Ethanol C_2H_5OH	25	0,406	0,0097	41,80
Iod I_2	25	0,792	0,0201	39,40
		1,477	0,0553	26,71
		$5,6\cdot10^{-5}$	0,004412	0,01269
		$8,16\cdot10^{-5}$	0,006966	0,01171
Phenol C_6H_5OH	25	$26,13\cdot10^{-5}$	0,02561	0,01020
		0,0605	0,0247	2,45
		0,489	1,47	0,333
		0,525	2,49	0,211 [1]
System Wasser (1) / Toluol (2)				
Aceton, Propanon $CH_3-CO-CH_3$	10	0,0345	0,0165	2,091
	20	0,0338	0,0165	2,048
	30	0,0322	0,0165	1,952
Dimethylamin $(CH_3)_2-NH$	25	0,0979	0,0734	1,334
		0,3427	0,2733	1,254
		0,6181	0,5357	1,154
Essigsäure CH_3COOH	25	0,5793	0,0159	36,43
		3,2984	0,2555	12,91
		6,9974	0,9053	7,729 [4]

Gelöster Stoff X	ϑ/°C	$c_1(X)$/mol/L	$c_2(X)$/mol/L	K_K
System Wasser (1) / Benzol (2)				
Methylamin CH_3-NH_2	25	0,5515	0,0242	22,79
		2,0758	0,0576	36,04
Phenol C_6H_5OH	25	0,0272	0,062	0,439
		0,1013	0,279	0,363
Pyridin C_5H_5N	25	0,3660	2,978	0,123
		0,5299	6,487	0,0817
2-Toluidin $C_6H_4CH_3-NH_2$	25	0,00780	0,02008	0,3884 [3]
	25	0,0110	0,5570	0,01975
		0,0227	1,3510	0,01680
System Wasser (1) / Chloroform, Trichlormethan (2)				
Salicylsäure $C_6H_4OH-COOH$	25	3,70	10,55	0,3507
		4,89	16,9	0,2893
		5,68	22,4	0,2536 [2]
Trichloressigsäure CCl_3-COOH	25	0,0488	0,0017	28,71
		0,6224	0,0765	8,136
		3,6039	1,0011	3,600 [1]
System Wasser (1) / Diethylether (2)				
Benzoesäure C_6H_5COOH	10	0,00090	0,0639	0,01408
		0,00249	0,226	0,01102 [1]
Chinon $C_6H_4O_2$	19,5	0,002915	0,00893	0,3264
		0,008415	0,02714	0,3103
Eisen(III)-thiocyanat $Fe(SCN)_3$	20	0,02	0,011	1,81
Essigsäure CH_3COOH	25	0,01323	0,00609	2,169 [1]
Oxalsäure, Ethandisäure $(COOH)_2$	11	0,451	0,0455	9,912
		1,05	0,115	9,13
Wasserstoffperoxid H_2O_2	18	0,7194	0,0518	13,89
		9,0157	0,05103	5,79 [1]

[1] Dissoziation in Wasser [2] Assoziation in $CHCl_3$ [3] Bildet Hydrate
[4] Dimerisation (Doppelmoleküle) in $C_6H_5CH_3$

11 Stöchiometrische Faktoren, Gravimetrie

Die nachstehenden Faktoren werden aus den relevanten Stoffmengenverhältnissen und den Molaren Massen gebildet. Zu ihrer Berechnung können die chemischen Formeln der Stoffe rein formal zerlegt werden (vgl. $\boxed{87}$ ··· $\boxed{90}$.)

Je nach der angewandten Arbeitsmethode sind auch die Bezeichnungen „gravimetrischer Faktor" bzw. „analytischer Faktor" üblich.

Zu bestimmen	Bestimmungsform	Faktor	Zu bestimmen	Bestimmungsform	Faktor
Stoff 1	Stoff 2		Stoff 1	Stoff 2	
Ag	Ag_3AsO_4	0,6996	**CaO**	$CaC_2O_4 \cdot H_2O$	0,3838
	$AgBr$	0,5745		$Ca(C_7H_6NO_2)_2$	0,1795
	$AgCl$	0,7526		Anthranilsäure	
	AgI	0,4595		$CaCO_3$	0,5603
	Ag_2S	0,8706		MgO	1,3913
$AgNO_3$	$AgCl$	1,1853			
			Cd	CdS	0,7781
Al	$Al(C_9H_6ON)_3$ Oxin	0,05873			
	Al_2O_3	0,5293	**Cl**	$AgCl$	0,2474
	$AlPO_4$	0,2212			
Al_2O_3	$Al(C_9H_6ON)_3$ Oxin	0,1110	**Co**	$Co(C_7H_6NO_2)_2$	0,1779
				Anthranilsäure	
As	Ag_3AsO_4	0,1620		$Co(C_9H_6ON)_2 \cdot 2\,H_2O$	0,1538
	$Mg_2As_2O_7$	0,4827		Oxin	
	$MgNH_4AsO_4 \cdot 6\,H_2O$	0,2589		Co_3O_4	0,7342
	$(MgNH_4AsSO_4)_2 \cdot H_2O$	0,3938		$K_3[Co(NO_2)_6]$	0,13031
As_2O_3	$Mg_2As_2O_7$	0,6373			
			Cr	$BaCrO_4$	0,2053
Ba	$BaCO_3$	0,6959		$PbCrO_4$	0,1609
	$BaCrO_4$	0,5421	Cr_2O_3	$BaCrO_4$	0,3000
	$BaSO_4$	0,5884		$PbCrO_4$	0,2351
$Ba(OH)_2$	$BaSO_4$	0,7341	CrO_3	$BaCrO_4$	0,3947
				$PbCrO_4$	0,3094
Bi	$Bi(C_9H_6ON)_3$ Oxin	0,3258		Cr_2O_3	1,3158
	$Bi(C_9H_6ON)_3 \cdot H_2O$	0,3169			
	Bi_2O_3	0,8970	**Cu**	$Cu(C_7H_6NO_2)_2$	0,1892
	$BiPO_4$	0,6875		Anthranilsäure	
				$Cu(C_9H_6ON)_2$ Oxin	0,1806
Br	$AgBr$	0,4255		$CuC_{14}H_{11}O_2N$	0,2200
				Benzoinoxim	
C	$BaCO_3$	0,06087		CuO	0,7989
	CO_2	0,2729		CuS	0,6646
CO_2	$BaCO_3$	0,2230		Cu_2S	0,7985
				$CuSCN$	0,5225
Ca	$CaC_2O_4 \cdot H_2O$	0,2743			
	CaF_2	0,5133			

Zu bestimmen	Bestimmungsform	Faktor
Stoff 1	Stoff 2	
F	CaF_2	0,4867
	SiF_4	0,73015
Fe	$Fe(C_9H_6ON)_3$ Oxin	0,1144
	$[Fe(CN)_6]$	0,2635
	FeO	0,7773
	$Fe(OH)_3$	0,5226
	Fe_2O_3	0,6994
	Fe_3O_4	0,7236
H	H_2O	0,1119
HBr	$AgBr$	0,4309
HCl	$AgCl$	0,2544
HI	AgI	0,5448
HNO_3	$C_{20}H_{16}N_4 \cdot HNO_3$ Nitron	0,1679
H_3PO_4	$Mg_2P_2O_7$	0,8806
	P_2O_5	1,3808
H_2SO_4	$BaSO_4$	0,4202
Hg	$Hg(C_7H_6NO_2)_2$ Anthranilsäure	0,4242
I	AgI	0,5405
K	$K[B(C_6H_5)_4]$	0,1091
	KCl	0,5245
	$KClO_4$	0,2822
	K_2O	0,8301
	K_2SO_4	0,4487
K_2O	K	1,2046
	$K[B(C_6H_5)_4]$	0,1314
	KCl	0,6318
	$KClO_4$	0,3399
	K_2SO_4	0,5405
Li	Li_3PO_4	0,1798
Mg	$Mg(C_9H_6ON)_2$ Oxin	0,07775
	$Mg(C_9H_6ON)_2 \cdot 2H_2O$	0,06971
	$MgNH_4PO_4 \cdot 6H_2O$	0,09904
	MgO	0,6030
	$Mg_2P_2O_7$	0,2184
MgO	CaO	0,7187
	$MgNH_4PO_4 \cdot 6H_2O$	0,1642
	$Mg_2P_2O_7$	0,3622
Mn	MnO_2	0,6319
	$Mn_2P_2O_7$	0,3871
MnO_2	Mn	1,5825
Mo	$PbMoO_4$	0,2613
N	NH_2	0,8742
	NH_3	0,8224
	NH_4	0,7765

Zu bestimmen	Bestimmungsform	Faktor
Stoff 1	Stoff 2	
NH_4	NH_3	1,0592
	NH_4Cl	0,3372
Na	$NaCl$	0,3934
	$NaMg(UO_2)_3 \cdot (C_2H_3O_2)_9 \cdot 6H_2O$	0,01536
	$NaMg(UO_2)_3 \cdot (C_2H_3O_2)_9 \cdot 8H_2O$	0,01500
NaCl	$AgCl$	0,4078
Ni	$NiC_8H_{14}O_4N_4$ Diacetyldioxim	0,2031
P	$Mg_2P_2O_7$	0,2783
	P_2O_5	0,4364
P_2O_5	$Ca_3(PO_4)_2$	0,4576
	$Mg_2P_2O_7$	0,6378
	PO_4	0,7473
	P	2,2914
Pb	$PbCrO_4$ theoretisch	0,6411
	empirisch	0,6401
	PbO	0,9283
	PbO_2	0,8662
	Pb_3O_4	0,9067
	PbS	0,8659
	$PbSO_4$	0,6832
S	$BaSO_4$	0,1374
H_2SO_4	$BaSO_4$	0,4202
SO_2	$BaSO_4$	0,2745
SO_4	$BaSO_4$	0,4116
Sb	Sb_2O_3	0,8353
	Sb_2S_3	0,7168
	Sb_2S_5	0,6030
Si	SiO_2	0,4674
SiO_2	Si	2,1393
	SiF_4	0,5773
Sn	SnO_2	0,7877
Ti	$TiCl_3$	0,3104
	$TiCl_4$	0,2524
	$TiO/C_9H_6ON)_2$ Oxin	0,1360
	TiO_2	0,5994
	$Ti_3(PO_4)_4$	0,2744
Zn	$Zn(C_7H_6O_2N)_2$ Anthranilsäure	0,1937
	$Zn(C_9H_6ON)_2$ Oxin	0,1849
	$ZnNH_4PO_4$	0,3665
	ZnO	0,8034
	$Zn_2P_2O_7$	0,4292
	ZnS	0,6709

12 Volumetrie

Volumetrie = Maßanalyse

Stoffmengenkonzentration der Maßlösung c in mol/L (Molarität).

$m_\text{ä}$: **Maßanalytische Äquivalentmasse** ist die Masse des zu bestimmenden Stoffes – Analyten –, die von 1 mL Maßlösung angezeigt wird. $m_\text{ä}$ in mg/mL. Wenn nicht anders angegeben, bezieht sich $m_\text{ä}$ auf den Umsatz bis zur letzten Stufe $\boxed{86}$ ··· $\boxed{94}$.

12.1 Säure-Base-Titration

Indikatoren

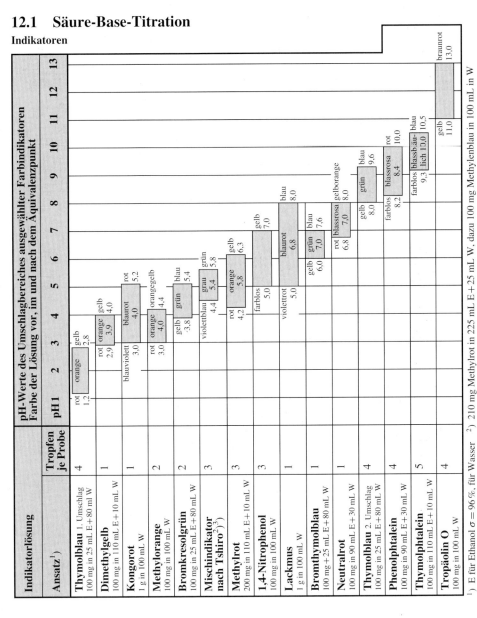

1) E für Ethanol $\sigma = 96\,\%$, für Wasser   2) 210 mg Methylrot in 225 mL E + 25 mL W, dazu 100 mg Methylenblau in 100 mL in W

3) In jüngerer Zeit haben sich weitere Mischindikatoren in verschiedenen pH-Bereichen bewährt

Urtitersubstanzen

Maßsubstanz	Urtitersubstanz	Reaktion(en)
HCl	Natriumcarbonat Na_2CO_3	$HCl + Na_2CO_3 \rightarrow NaHCO_3 + NaCl$ $2\,HCl + Na_2CO_3 \rightarrow CO_2 + H_2O + 2\,NaCl$
NaOH	Oxalsäuredihydrat Kaliumhydrogenphthalat	$2\,NaOH + H_2C_2O_4 \cdot 2\,H_2O \rightarrow Na_2C_2O_4 + 4\,H_2O$ $NaOH + C_8H_5O_4K \rightarrow C_8H_5O_4KNa + H_2O$

12.2   Komplexometrie

Das Stoffmengenverhältnis zwischen Analyt und Maßsubstanz ist in der Regel $1:1$. Häufig wird $ZnSO_4 \cdot 7\,H_2O$ als Urtitersubstanz verwendet, vgl. 12.6.

Indikatoren

Kurzname	pH-Bereich	Farbumschlag
Xylenolorange	$0 \dots 6$	gelb-rot
Eriochromschwarz T	$7 \dots 11$	rot-blau
Calconcarbonsäure	> 12	weinrot-blau

Maßsubstanzen (häufig unter Handelsnamen bekannt)

Bezeichnung	Struktur	Bemerkungen
Ethylendiamin-tetraessigsäure EDTA		Der besseren Löslichkeit wegen als Dinatriumsalz eingesetzt. Für viele Analyte verwendbar, wenig selektiv. Selektivität kann durch pH-Einstellung erreicht werden.
Nitrilotriessigsäure		
Triaminoethylamin		Für Ni, Cu, Zn.

Mindest-pH-Werte bei Titrationen mit EDTA

Analyt	Mg^{2+}	Ca^{2+}	Mn^{2+}	Fe^{2+}	Co^{2+}	Al^{3+}	Zn^{2+}	Pb^{2+}	Cu^{2+}	Ni^{2+}	Hg^{2+}	Fe^{3+}
Mindest-pH	10	7,5	5,5	5,1	4,2	4,0	3,8	3,4	3,3	3,0	1,7	1,1

12.3   Redoxtitration

Titrationen mit Kaliumpermanganat KMnO$_4$

Die Maßsubstanz KMnO$_4$ wirkt in saurer Lösung als starkes Oxidationsmittel.

$$MnO_4^- + 8H_3O^+ + 5e^- \longrightarrow Mn^{2+} + 12H_2O$$

Ein Indikator ist nicht erforderlich, da Lösungen von Kaliumpermanganat intensiv violett gefärbt sind, Lösungen von Mn^{2+} sind nahezu farblos.

Urtitersubstanzen: Oxalsäure und Derivate H$_2$C$_2$O$_4$, H$_2$C$_2$O$_4 \cdot$ 2H$_2$O, Na$_2$C$_2$O$_4$

Titrationen mit Kaliumdichromat K$_2$Cr$_2$O$_7$

Die Maßsubstanz K$_2$Cr$_2$O$_7$ wirkt in saurer Lösung als starkes Oxidationsmittel.

$$Cr_2O_7^{2-} + 14H_3O^+ + 6e^- \longrightarrow 2Cr^{3+} + 21H_2O$$

Lösungen von Kaliumdichromat sind orange gefärbt, Lösungen von Cr^{3+} sind grün gefärbt.

Indikatoren:

– Schwefelsaure Diphenylamin-Lösung (0,2 g Diphenylamin in 100 mL stickstofffreier konz. Schwefelsäure), Farbumschlag von farblos nach intensiv violett

– Ferroin, Chelatkomplex aus Fe^{2+} und 1,10-Phenantrolin (0,7 g FeSO$_4 \cdot$ 7H$_2$O und 1,76 g Phenanthrolinhydrochlorid in 70 mL VE Wasser lösen, auf 100 mL auffüllen), Farbumschlag von schwach blau nach intensiv rot.

Urtitersubstanzen: Oxalsäure und Derivate wie bei KMnO$_4$, (NH$_4$)$_2$Fe(II)(SO$_4$)$_2$

Iodometrie

Mit Iod als Maßsubstanz werden Analyte oxidiert, mit Iodid als Maßsubstanz werden Analyte reduziert.

$$I_2 + 2e^- \longrightarrow 2I^- \qquad 2I^- \longrightarrow I_2 + 2e^-$$

I$_2$ bildet mit Stärke eine intensiv violett gefärbte Verbindung, die zur Indikation verwendet wird. Herstellung der Stärkelösung: 1 g lösliche Stärke werden mit wenig Wasser zerrieben, die Suspension wird in 200 mL siedendes Wasser gegeben und einige Minuten gekocht. Dann wird abgekühlt und die über dem Bodensatz stehende Lösung abgenommen.

Wird I$^-$ als Maßsubstanz verwendet, so wird das gebildete Iod mit Natriumthiosulfat Na$_2$S$_2$O$_3$ titriert:

$$2S_2O_3^{2-} \longrightarrow S_4O_6^{2-} + 2e^-$$

Urtitersubstanz: Kaliumiodat KIO$_3$:   IO$_3^- + 5I^- + 6H_3O^+ \longrightarrow 3I_2 + 9H_2O$

Das gebildete I$_2$ wird mit Natriumthiosulfat zurücktitriert.

12.4 Äquivalentmassen bei Neutralisationstitrationen   „Acidimetrie"

HCl	H_2SO_4		$c\,(HCl)=0{,}1\ mol/L$ oder $c\,(H_2SO_4)=0{,}05\ [=0{,}1/2]\ mol/L$			
Zu bestimmen	$m_{\ddot{a}}$ mg/mL		Zu bestimmen	$m_{\ddot{a}}$ mg/mL	Zu bestimmen	$m_{\ddot{a}}$ mg/mL
$BaCO_3$	9,8668		$KHCO_3$	10,0115	$(NH_4)_2SO_4$	6,6071
$Ba(OH)_2$	8,5671		KOH	5,6106	$Na_2B_4O_7$	10,061
$CaCO_3$	5,0044		$MgCO_3$	4,2157	$Na_2B_4O_7 \cdot 10\,H_2O$	19,069
CaO	2,8039		MgO	2,0152	Na_2CO_3	5,2995
$Ca(OH)_2$	3,7047		N	1,4007	$Na_2CO_3 \cdot 10\,H_2O$	14,3071
CO_2	2,2005		NH_3	1,7031	$NaHCO_3$	8,4007
Li_2CO_3	3,6946		NH_4^+	1,8039	Na_2O	3,0989
Li_2O	1,4941		NH_4Cl	5,3491	NaOH	3,9997
K_2CO_3	6,9103		NH_4NO_3	8,0043		

„Alkalimetrie"

NaOH	KOH		$c\,(NaOH)=0{,}1\ mol/L$ oder $c\,(KOH)=0{,}1]\ mol/L$			
Zu bestimmen	$m_{\ddot{a}}$ mg/mL		Zu bestimmen	$m_{\ddot{a}}$ mg/mL	Zu bestimmen	$m_{\ddot{a}}$ mg/mL
H_3BO_3	6,1833		$(COOH)_2$	4,5018	$H_3PO_4{}^2)$	4,8998
B	1,0811		$(COOH)_2 \cdot 2\,H_2O$	6,3033	$PO_4{}^{3-}{}^2)$	4,7486
B_2O_3	3,4810		HI	12,7912	$P_2O_5{}^2)$	3,5486
HBr	8,0912		HNO_3	6,3013	H_2SO_3	4,1040
HCl	3,6461		$H_3PO_4{}^1)$	9,7995	$SO_3,\ SO_3{}^{2-}$	4,0032
HCOOH	4,6026		$PO_4{}^{3-}{}^1)$	9,4971	H_2SO_4	4,9040
CH_3COOH	6,0053		$P_2O_5{}^1)$	7,0972	$SO_4{}^{2-}$	4,8032

[1] 1. Stufe, Farbindikator z.B. Bromkresolgrün   [2] 2. Stufe, Farbindikator z.B. Thymolphthalein

12.5 Äquivalentmassen bei Fällungstitrationen   „Argentometrie"

$AgNO_3$					$c\,(AgNO_3)=0{,}1\ mol/L$	
Zu bestimmen	$m_{\ddot{a}}$ mg/mL		Zu bestimmen	$m_{\ddot{a}}$ mg/mL	Zu bestimmen	$m_{\ddot{a}}$ mg/mL
Br^-	7,9904		HCl	3,6461	$NaCN^1)$	9,8015
HBr	8,0912		KCl	7,4551	I^-	12,6904
KBr	11,9002		NaCl	5,8443	HI	12,7912
NaBr	10,2894		NH_4Cl	5,3491	KI	16,6003
Cl^-	3,5453		$CN^-\,^1)$	5,2035	NaI	14,9894
$BaCl_2$	10,4116		$HCN^1)$	5,4051	KSCN	9,7182
$CaCl_2$	5,5492		$KCN^1)$	13,0232	NH_4SCN	7,6122

[1] Titrationsverfahren nach Liebig

NaCl	$c\,(NaCl)=0{,}1\ mol/L$	
Zu bestimmen	$m_{\ddot{a}}$ mg/mL	
Ag^+	10,7868	

NH_4SCN	$c\,(NH_4SCN)=0{,}1\ mol/L$	
Zu bestimmen	$m_{\ddot{a}}$ mg/mL	
Ag^+	10,7868	
$AgNO_3$	16,9873	

12.6   Äquivalentmassen bei komplexometrischen Titrationen

Kationen reagieren bei komplexometrischen Titrationen immer im Stoffmengenverhältnis 1:1. Bei der praktischen Konzentration der Maßlösung von $c = 0,02$ mol/L zeigt daher bei direkter Titration (**D**) 1 mL Maßlösung 0,02 mmol des Analyten an (85 vgl. 12.2).

In der Chelatometrie sind für viele Ionenarten noch immer keine spezifischen Farbindikatoren bekannt, daher müssen noch viele Titrationen als Rücktitration (**R**), Substitutionstitrationen (**S**) oder indirekte Titrationen (**I**) durchgeführt werden. – Ausgewählte **Indikatoren:** α: Eriochromschwarz T, β: Xylenolorange, γ: Phtaleinpurpur, δ: Calconcarbonsäure, ε: PAN, ϑ: PAR, κ: Tiron, λ: 3,3′-Dimethylnaphtidin, μ: Methylthymolblau (s. S. 68)

EDTA *)						c (EDTA) = 0,02 mol/L	
Zu bestimmen		$m_\text{ä}$ mg/mL	**Zu bestimmen**		$m_\text{ä}$ mg/mL	**Zu bestimmen**		$m_\text{ä}$ mg/mL
Ag^+	$S\,\alpha$	4,3147	Co^{2+}	$R\,\alpha$	1,1787	Na^+	$I\,\lambda$	0,4598
Al(III)	$S\,\beta$	0,5396	Cu(I,II)	$D\,\vartheta$	1,2709	Ni^{2+}	$R\,\alpha$	1,1738
As(III, V)	$S\,\alpha$	1,4984	Fe(II, III)	$D\,\kappa|\beta$	1,1169	Pb^{2+}	$D\,\mu$	4,144
Au(I, III)	$S\,\alpha$	3,9393	Hg(I, II)	$D\,\alpha,\beta$	4,0118	Sb(III, V)		2,4350
Ba^{2+}	$D\,\gamma$	2,7465	K^+		0,7820	Tl(I, III)	$D\,\varepsilon$	4,0877
Bi^{3+}	$D\,\beta$	4,1796	K_2O		1,8839	Zn^{2+}	$D\,\lambda$	1,3078
Ca^{2+}	$D\,\delta$	0,8016	Mg^{2+}	$D\,\alpha$	0,4861	• Gesamthärte	$S\,\alpha$	0,2 **)
Cd^{2+}	$D\,\varepsilon$	2,2482	Mn^{2+}	$D\,\alpha$	1,0988	des Wassers		**mmol/mL**

*) Dinatriumdihydrogenethylendiamintetraacetat-2-hydrat $(C_{10}H_{14}O_8N_2)H_2Na_2 \cdot 2\,H_2O$ $M = 372,240$ g/mol
**) Vorlage 100 mL (!)

Anionen lassen sich a) über schwerlösliche Verbindungen, b) über beständige, wenig dissoziierte, Verbindungen oder Komplexe titrieren. Fällungsmittel bzw. Komplexbildner werden im Überschuss zur Probe gegeben, die nicht gebundenen Kationen dann zurücktitriert.

Bei der Rücktitration ist 1 mL der 0,02 mol/L Maßlösung jeweils 1 mL des Fällungsmittels bzw. Komplexbildners (0,02 mol/L) äquivalent.

EDTA		**Fällung/Komplexbildung**		**Rücktitration**	
Zu bestimmen	**Fällungsmittel/Komplexbildner im Überschuss**		$m_\text{ä}$ mg/mL	**Maßlösung**	**Bestimmt wird**
Br^-	0,02 mol/L $AgNO_3$	$\rightarrow AgBr$ [1]	3,1962	0,02 mol/L EDTA	Ag^+
Cl^-	0,02 mol/L $Hg(NO_3)_2$	$\rightarrow HgCl_2$ [2]	1,4181	0,02 mol/L EDTA	Hg^{2+}
CN^-	0,02 mol/L $NiSO_4$	$\rightarrow [Ni(CN)_4]^{2-}$ [2]	2,0814	0,02 mol/L EDTA	Nu^{2+}
F^-	0,02 mol/L $CaCl_2$	$\rightarrow CaF_2$ [1]	0,7599	0,02 mol/L EDTA	Ca^{2+}
I^-	0,02 mol/L $AgNO_3$	$\rightarrow AgI$ [1]	5,0762	0,02 mol/L EDTA	Ag^+
MoO_4^{2-}	0,02 mol/L $Pb(NO_3)_2$	$\rightarrow PbMoO_4$ [1])[3]	3,1988	0,02 mol/L EDTA	Pb^{2+}
Mo			1,9188		
PO_4^{3-}	Fällung als $Mg(NH_4)PO_4 \cdot 6\,H_2O$ [1])[4]		1,8994	0,02 mol/l $ZnSO_4$	EDTA
P_2O_5			1,4194		
SO_4^{2-}	0,02 mol/L $BaCl_2$	$\rightarrow BaSO_4$ [1]	1,9213	0,02 mol/l $ZnSO_4$	EDTA
S	In überschüssigem 0,02 mol/L EDTA gelöst		0,6413		

[1]) schwerlöslich   [2]) wenig dissoziiert   [3]) Titration mit Indikator 4-(Pyridyl-2′-azo)-resorcin als Mononatriumsalz, „PAR"   [4]) In Säure gelöst, mit überschüssigem 0,02 mol/L EDTA versetzt

12.7 Äquivalentmassen bei Redox-Titrationen

Bei Redoxreaktionen tauschen die Analyte mit den in den Maßlösungen enthaltenen Maßsubstanzen Elektronen aus. Die Anzahl der pro Mol ausgetauschten Elektronen wird über die Oxidationszahlen (vgl. S. 12) errechnet und bestimmt das jeweilige Stoffmengenverhältnis. Die tabellierten Äquivalentmassen werden unter Einbeziehung des Stoffmengenverhältnisses errechnet, vgl. $\boxed{86}$ $\boxed{94}$ und 12.3.

$c\,(KMnO_4)=0{,}02\,[=0{,}1/5]\,\text{mol/L}$					$\mathbf{KMnO_4}$
Zu bestimmen	$m_{\ddot{a}}$ mg/mL	**Zu bestimmen**	$m_{\ddot{a}}$ mg/mL	**Zu bestimmen**	$m_{\ddot{a}}$ mg/mL
Ca^{2+}	2,0039	$FeSO_4 \cdot 7\,H_2O$	27,8018	MnO_2 [1])	2,6081
CaO	2,8039	$(NH_4)_2Fe(SO_4)_2 \cdot$		NO_2	2,3003
$CaCO_3$	5,0044	$\cdot 6\,H_2O$ [1])	39,2143	HNO_2	2,3507
$Cr(III, VI)$	1,7332	FeO	7,1846	KNO_2	4,2552
$Fe(II, III)$	5,5847	Fe_2O_3	7,9846	$HCOOH$	2,3013
$FeCl_2$	12,6752	H_2O_2	1,7007	$(COOH)_2$	4,5018
$FeCl_3$	16,2205	Mn^{2+} [2])	1,6482	$(COOH)_2 \cdot 2\,H_2O$	6,3033

[1]) „Mohr'sches Salz"   [2]) Titration nach Volhard-Wolff-Fischer
[3]) Versetzen mit überschüssiger eingestellter Oxalsäure. Rücktitration des Überschusses mit $KMnO_4$

$c\,(KI \cdot I_2)=0{,}05\,[=0{,}1/2]\,\text{mol/L}$ oder $c\,(Na_2S_2O_3)=0{,}1\,\text{mol/L}$				$\mathbf{KI \cdot I_2}$	$\mathbf{Na_2S_2O_3}$
Zu bestimmen	$m_{\ddot{a}}$ mg/mL	**Zu bestimmen**	$m_{\ddot{a}}$ mg/mL	**Zu bestimmen**	$m_{\ddot{a}}$ mg/mL
$As(III, V)$	3,7461	$KClO_3$	2,0425	$CuSO_4 \cdot 5\,H_2O$	24,9686
As_2O_3	4,9460	$Cr(III, VI)$	1,7332	H_2O_2	1,7007
AsO_3^{3-}	6,1460	Cr_2O_3	2,5332	$Hg(I, II)$	10,0295
AsO_4^{3-}	6,9460	CrO_3	3,3331	S, S^{2-}	1,6033
BrO_3^-	2,1317	CrO_4^{2-}	3,8665	H_2S	1,7041
$HBrO_3$	2,1485	K_2CrO_4	6,4730	SO_3^{2-}	4,0032
$KBrO_3$	2,7833	$Cr_2O_7^{2-}$	3,5998	H_2SO_3	4,1040
ClO_3^-	1,3908	$Cu(I, II)$	6,3546	$Na_2S_2O_3$	15,8110
$HClO_3$	1,4076	$CuSO_4$	15,9610	$Na_2S_2O_3 \cdot 5\,H_2O$	24,8186

$c\,(Ce(SO_4)_2)=0{,}1\,\text{mol/L}$	$\mathbf{Ce(SO_4)_2}$		$c\,(KBrO_3)=0{,}01\overline{6}\,[0{,}1/6]\,\text{mol/L}$			$\mathbf{KBrO_3}$
Zu bestimmen	$m_{\ddot{a}}$ mg/mL		**Zu bestimmen**	$m_{\ddot{a}}$ mg/mL	**Zu bestimmen**	$m_{\ddot{a}}$ mg/mL
$Fe(II)$	5,5847		$As(III, V)$	3,7461	Bi^{3+} [1])	1,74150
$C_4H_6O_6$ Weinsäure	1,5009		As_2O_3	4,9460	Mg^{2+} [1])	0,30381
$C_6H_{12}O_6$ Glucose	0,75066		$Sb(III, V)$	6,0875	Th^{4+} [1])	1,45023
$c\,(TiCl_3)=0{,}1\,\text{mol/L}$	$\mathbf{TiCl_3}$		Sb_2O_3	7,2875	Zn^{2+} [1])	0,81738
	Reduktionsmittel		Al^{3+} [1])	0,22485	$C_9H_6ON^-$ Oxin-Ion	3,6038
$Fe(III)$	5,5847					

[1]) Als Salze des 8-Hydroxychinolins, als „Oxinate", gefällt, in Salzsäure gelöst und – nach Zusatz von KBr – bei der Titration in das 5,7-Dibromderivat des „Oxins" übergeführt.

13 Elektrochemie

13.1 Leitfähigkeit von Kaliumchlorid-Standardlösungen bei 25 °C

c (KCl) in mol/L	1,00	0,500	0,200	0,100	0,0500	0,0200	0,0100	0,00500
κ in mS/cm	112	60,1	24,9	12,9	6,67	2,76	1,41	0,716

13.2 Molare Leitfähigkeiten von Elektrolyten

c in mol/L		1	10^{-1}	$5\cdot10^{-2}$	$2\cdot10^{-2}$	10^{-2}	$5\cdot10^{-3}$	10^{-3}	$5\cdot10^{-4}$	Λ_0 in S·cm²·mol⁻¹
Elektrolyt	ϑ °C	Λ in S·cm²·mol⁻¹								
HCl	19	301	351			370		377		381,3
	25		391,3	399,1	407,2	412,0	415,8	421,4	422,7	
HNO$_3$	19	300	350			368		375		377
CH$_3$COOH	19	1,3	4,6			14,3		41		349,5
	25		5,26	7,26	11,3	16,0	22,4	58,1	66,4	
KOH	19	184	213			228		234		237,7
NaOH	19	160	183			200		208		217,4
NH$_3$ aq	19	0,89	3,3			9,6		28		242
AgNO$_3$	19	50,8	94,3			107,8		113,15		115,8
	25		109,14	115,24	121,41	124,76	127,20	130,51	131,36	
KBr	19		114,2			124,4		129,4		132,3
KCl	19	98,3	112,0			122,4		127,3		130,0
	25		128,96	133,37	138,34	141,27	143,55	146,95	147,81	
KI	19	103,6	114,0			123,4		128,2		131,1
KNO$_3$	19	80,5	104,8			118,2		123,7		126,5
NaCl	19	74,35	92,0			101,95		106,5		109,0
NaNO$_3$	19		87,2			98,2		102,85		105,3

13.3 Ionenäquivalentleitfähigkeiten

Die Werte beziehen sich auf theoretisch unendliche Verdünnung. Um die molaren Leitfähigkeiten der Ionen zu erhalten, sind die Werte mit der Ladungszahl zu multiplizieren.

α: **Temperaturkoeffizient** von Λ_0: $\alpha = \dfrac{1}{\Lambda_0}\cdot\dfrac{\Delta\Lambda_0}{\Delta T}$ in K⁻¹.

Kation	Λ_0		α
	18 °C	25 °C	
	$S \cdot cm^2 \cdot mol^{-1}$		K^{-1}
Ag^+	54	61,9	0,0142
$\frac{1}{3}Al^{3+}$	40	63	0,0216
$\frac{1}{2}Ba^{2+}$	55	63,6	0,0200
$\frac{1}{2}Be^{2+}$		45	
$\frac{1}{2}Ca^{2+}$	52	59,5	0,0211
$\frac{1}{2}Cd^{2+}$	46	54	0,0236
$\frac{1}{2}Co^{2+}$	44	55	0,0240
Cs^+	68	77,2	
$\frac{1}{2}Cu^{2+}$	46	56,6	0,0273
$\frac{1}{2}Fe^{2+}$	44,5	53,5	0,0241
$\frac{1}{3}Fe^{3+}$	61	68	
H_3O^+	315	350	0,0142
K^+	65	73,5	0,0187
Li^+	34	39	0,0215
$\frac{1}{2}Mg^{2+}$	46	53	0,0217
$\frac{1}{2}Mn^{2+}$	44	53,5	0,0241
Na^+	44	50,1	0,0208
NH_4^+	65	73,5	0,0188
$\frac{1}{2}Ni^{2+}$	45	54	0,0240
$\frac{1}{2}Pb^{2+}$	61	70	0,0194
Rb^+	68	77,8	
$\frac{1}{2}Sr^{2+}$	51	59,4	0,0204
$\frac{1}{2}Zn^{2+}$	47	52,8	0,0227

Kation	Λ_0		α
	18 °C	25 °C	
	$S \cdot cm^2 \cdot mol^{-1}$		K^{-1}
Br^-	67	78,1	0,0185
CN^-		78	
$\frac{1}{2}CO_3^{2-}$	60	69	0,0182
HCO_3^-		44,5	
$HCOO^-$	47	54,4	
CH_3COO^-		40,9	
$C_2H_5COO^-$	35,0	35,8	0,0206
$\frac{1}{2}C_2O_4^{2-}$		74,2	
$\frac{1}{2}C_6H_4(COO^-)_2$ Phthalat-Ion	63	38	
$C_6H_5COO^-$		32,4	
Cl^-	66	76,4	0,0194
$\frac{1}{2}CrO_4^{2-}$	72	84	0,0219
F^-	47	55,4	0,0213
I^-	66	76,8	0,0191
MnO_4^-	53	61	0,0216
NO_2^-	59	72	
NO_3^-	62	71,5	0,0183
OH^-	173	198	0,0199
$\frac{1}{2}S^{2-}$		54	
HS^-	57	65	0,0201
SCN^-	57	66	
$\frac{1}{2}SO_4^{2-}$	68,5	80	0,0206

13.4 Normalpotentiale E_0

Das Normalpotential (Normpotential, Standardpotential) E_0 eines Systems mit der Aktivität 1,00 mol/L, des Gasdrucks 1013 mbar und der Temperatur 25 °C ist die Spannungsdifferenz, die gegenüber der Normalwasserstoffelektrode gemessen wird.

Normalwasserstoffelektrode:
Ein Platinblech taucht in eine wässrige Lösung ein, in der die Aktivität der H_3O^+-Ionen 1,00 mol/L ist. Es wird von Wasserstoffgas mit dem Druck 1013 mbar umspült. Das Potential dieses Systems ist bei allen Temperaturen gleich Null, $E_0(H_3O^+/H_2) = 0,000$ V.

Normalpotentiale der Metalle / Spannungsreihe

E_0 V	Element $\downarrow$	Reaktion $\rightarrow$
$-3,05$	Li	$\rightleftharpoons Li^+ + e^-$
$-2,93$	K	$\rightleftharpoons K^+ + e^-$
$-2,92$	Rb	$\rightleftharpoons Rb^+ + e^-$
$-2,92$	Ba	$\rightleftharpoons Ba^{2+} + 2e^-$
$-2,87$	Ca	$\rightleftharpoons Ca^{2+} + 2e^-$
$-2,71$	Na	$\rightleftharpoons Na^+ + e^-$
$-2,37$	Mg	$\rightleftharpoons Mg^{2+} + 2e^-$
$-1,85$	Be	$\rightleftharpoons Be^{2+} + 2e^-$
$-1,66$	Al	$\rightleftharpoons Al^{3+} + 4e^-$
$-1,21$	Ti	$\rightleftharpoons Ti^{4+} + 4e^-$
$-1,18$	Mn	$\rightleftharpoons Mn^{2+} + 2e^-$
$-0,92$	Se	$+2e^- \rightleftharpoons Se^{2-}$
$-0,76$	Zn	$\rightleftharpoons Zn^{2+} + 2e^-$

E_0 V	Element $\downarrow$	Reaktion $\rightarrow$
$-0,74$	Cr	$\rightleftharpoons Cr^{3+} + 3e^-$
$-0,52$	Ga	$\rightleftharpoons Ga^{3+} + 3e^-$
$-0,48$	S	$+2e^- \rightleftharpoons S^{2-}$
$-0,44$	Fe	$\rightleftharpoons Fe^{2+} + 2e^-$
$-0,40$	Cd	$\rightleftharpoons Cd^{2+} + 2e^-$
$-0,28$	Co	$\rightleftharpoons Co^{2+} + 2e^-$
$-0,25$	Ni	$\rightleftharpoons Ni^{2+} + 2e^-$
$-0,14$	Sn	$\rightleftharpoons Sn^{2+} + 2e^-$
$-0,13$	Pb	$\rightleftharpoons Pb^{2+} + 2e^-$
$\pm0,00$	$\boxed{H_2}$	$\rightleftharpoons 2H^+ + 2e^-$ pH=0
$+0,21$	Sb	$\rightleftharpoons Sb^{3+} + 3e^-$

E_0 V	Element $\downarrow$	Reaktion $\rightarrow$
$+0,30$	As	$\rightleftharpoons As^{3+} + 3e^-$
$+0,32$	Bi	$\rightleftharpoons Bi^{3+} + 3e^-$
$+0,35$	Cu	$\rightleftharpoons Cu^{2+} + 2e^-$
$+0,40$	O_2	$+2e^- \rightleftharpoons O^{2-}$ pH=14
$+0,54$	I_2	$+2e^- \rightleftharpoons 2I^-$
$+0,81$	Ag	$\rightleftharpoons Ag^+ + e^-$
$+0,85$	Hg	$\rightleftharpoons Hg^{2+} + 2e^-$
$+1,07$	Br_2	$+2e^- \rightleftharpoons 2Br^-$
$+1,36$	Cl_2	$+2e^- \rightleftharpoons 2Cl^-$
$+1,50$	Au	$\rightleftharpoons Au^{3+} + 3e^-$
$+1,60$	Pt	$\rightleftharpoons Pt^{2+} + 2e^-$
$+2,75$	F_2	$+2e^- \rightleftharpoons 2F^-$

Normalpotentiale Metalle/Nichtmetalle

Redox-System		E_0 in V
$2SO_3^{2-} + 2OH^-$	$\rightleftharpoons SO_4^{2-} + H_2O + 2e^-$	$-0{,}9$
$H_2 + 2OH^-$	$\rightleftharpoons 2H_2O + 2e^-$	$-0{,}82$
$AsO_3^{3-} + 4OH^-$	$\rightleftharpoons AsO_4^{3-} + 2H_2O + 2e^-$	$-0{,}71$
Cr^{2+}	$\rightleftharpoons Cr^{3+} + e^-$	$-0{,}41$
Ti^{3+}	$\rightleftharpoons Ti^{4+} + e^-$	$-0{,}04$
Sn^{2+}	$\rightleftharpoons Sn^{4+} + 2e^-$	$+0{,}15$
Cu^+	$\rightleftharpoons Cu^{2+} + e^-$	$+0{,}153$
$H_2SO_3 + H_2O$	$\rightleftharpoons SO_4^{2-} + 4H^+ + 2e^-$	$+0{,}17$
$2S_2O_3^{2-}$	$\rightleftharpoons S_4O_6^{2-} + 2e^-$	$+0{,}17$
$[Fe(CN)_6]^{4-}$	$\rightleftharpoons [Fe(CN)_6]^{3-} + e^-$	$+0{,}36$
$3I^-$	$\rightleftharpoons I_2 \cdot I^- + 2e^-$	$+0{,}536$
$Br^- + 6OH^-$	$\rightleftharpoons BrO_3^- + 3H_2O + 6e^-$	$+0{,}54$
MnO_4^{2-}	$\rightleftharpoons MnO_4^- + e^-$	$+0{,}54$
H_2O_2	$\rightleftharpoons O_2 + 2H^+ + 2e^-$	$+0{,}682$
Fe^{2+}	$\rightleftharpoons Fe^{3+} + e^-$	$+0{,}771$
Hg_2^{2+}	$\rightleftharpoons 2Hg^{2+} + 2e^-$	$+0{,}910$
$HNO_2 + H_2O$	$\rightleftharpoons NO_3^- + 3H^+ + 2e^-$	$+0{,}94$
$NO + 2H_2O$	$\rightleftharpoons NO_3^- + 4H^+ + 3e^-$	$+0{,}96$
$2H_2O$	$\rightleftharpoons O_2 + 4H^+ + 4e^-$	$+1{,}229$
$Mn^{2+} + 2H_2O$	$\rightleftharpoons MnO_2 + 4H^+ + 2e^-$	$+1{,}23$
Ce^{3+}	$\rightleftharpoons Ce^{4+} + e^-$	$+1{,}28$
$Cr^{3+} + 4H_2O$	$\rightleftharpoons HCrO_4^- + 7H^+ + 3e^-$	$+1{,}30$
$2Cr^{3+} + 7H_2O$	$\rightleftharpoons Cr_2O_7^{2-} + 14H^+ + 6e^-$	$+1{,}36$
$Cl^- + 3H_2O$	$\rightleftharpoons ClO_3^- + 6H^+ + 6e^-$	$+1{,}44$
$\frac{1}{2}Cl_2 + 3H_2O$	$\rightleftharpoons ClO_3^- + 6H^+ + 5e^-$	$+1{,}47$
$Pb^{2+} + 2H_2O$	$\rightleftharpoons PbO_2 + 4H^+ + 2e^-$	$+1{,}47$
$\frac{1}{2}Br_2 + 3H_2O$	$\rightleftharpoons BrO_3^- + 6H^+ + 5e^-$	$+1{,}51$
$Mn^{2+} + 4H_2O$	$\rightleftharpoons MnO_4^- + 8H^+ + 5e^-$	$+1{,}51$
$\frac{1}{2}Cl_2 + H_2O$	$\rightleftharpoons HOCl + H^+ + e^-$	$+1{,}59$
$PbSO_4 + 2H_2O$	$\rightleftharpoons PbO_2 + SO_4^{2-} + 4H^+ + 2e^-$	$+1{,}70$
$2H_2O$	$\rightleftharpoons H_2O_2 + 2H^+ + 2e^-$	$+1{,}77$
Pb^{2+}	$\rightleftharpoons Pb^{4+} + 2e^-$	$+1{,}80$
Co^{2+}	$\rightleftharpoons Co^{3+} + e^-$	$+1{,}808$
$2SO_4^{2-}$	$\rightleftharpoons S_2O_8^{2-} + 2e^-$	$+2{,}01$
$O_2 + H_2O$	$\rightleftharpoons O_3 + 2H^+ + 2e^-$	$+2{,}07$

14 Spektroskopie und Photometrie

14.1 Charakteristische Emissionslinien von Alkali- und Erdalkalimetallen

Element	λ in nm für charakteristische Linien	Flammenfärbung
Li	670,8	karminrot
Na	589,3 (Doppellinie)	gelb
K	404,4 768,2	rötlich violett
Rb	421 780	rotviolett
Cs	458	blau
Ca	553,3 622,0	ziegelrot
Sr	460,7 604,5	rot
Ba	513,7 524,2	grün

14.2 Charakteristische Absorptionswellenlängen von Molekülen

Molekül	Ethen	1,3-Butadien	2,4-Hexadien	1,3,5-Hexatrien	Benzol	4-Nitrophenol
λ in nm	165	217	227	258	204 254	312

Molekül	β-Carotin	α-Chlorophyll	β-Chlorophyll	Hämoglobin	NAD$^+$	NADH	Ozon
λ in nm	466 497	430 660	450 640	680	260	340	254

(NAD$^+$ Nicotin-Adenin-Dinucleotid, in der reduzierten Form NADH)

14.3 Charakteristische Absorptionswellenlängen von Lebensmittel-farbstoffen

Farbstoff Nr.	E101	E102	E104	E110	E122	E123
Handelsname	Riboflavin	Tartrazin	Chinolingelb	Gelborange	Azorubin	Amaranth
Farbe	gelb	zitronengelb	grüngelb	orange	blaurot	blaurot
λ in nm	445	426	412	485	516	520

Farbstoff Nr.	E124	E131	E132	E142	E151
Handelsname	Ponceau4R	Patentblau	Indigotin	Brillantsäuregrün	Brillantschwarz
Farbe	scharlachrot	grünblau	purpurblau	grün	blauviolett
λ in nm	505	639	610	632	570

14.4 Absorptionswellenzahlen in der IR-Spektroskopie

(VS Valenzschwingung   DS Deformationsschwingung)

Funktionelle Gruppe	Schwingung	ca. Wellenzahl in cm^{-1}	Erscheinungsbild
R−H-Bindung			
O−H (Alkohol)	O−H VS	3700 ... 3200	in der Regel breite und intensive Banden, geringe Intensität bei Carbonsäuren
N−H (Amin)	N−H VS	3500 ... 3300	intensiv, aber meist weniger breit als OH; oft zwei Banden
≡C−H	C−H VS	3300	wenig intensiv
=C−H (Vinyl)	C−H VS	3095 ... 3075	häufig zeigen sich mehrere Banden, die nur wenig aufgelöst sind; die Intensität dieser Banden ist stark von der Anzahl der C−H-Bindungen im Molekül abhängig
Aromat C−H	C−H VS	3040 ... 3010	
C−H (Alkyl)	C−H VS	2960 ... 2850	
S−H	S−H VS	2600 ... 2550	kleinere Intensität als −OH
C-Dreifachbindungen			
C≡N	C−N VS	2260 ... 2200	intensive scharfe Bande
C≡C	C−C VS	2260 ... 2150	häufig wenig intensiv
C-Doppelbindungen			
C=O	C−O VS	1850 ... 1640	intensiv, sehr charakteristisch für die Substituenten (siehe eigene Tabelle)
C=C	C−C VS	1680 ... 1620	oft nur wenig intensiv
Aromat C=C	C−C VS	1625 ... 1600 1500 ... 1430	scharf, mehrere Banden, charakteristisches Bandenmuster

Funktionelle Gruppe	Schwingung	ca. Wellenzahl in cm^{-1}	Erscheinungsbild
C-Einfachbindungen			
$\diagdown\!\!\diagup$ NO$_2$ (structure)	C−N VS	1560 und 1350	zwei intensive Banden
structure O	C−C VS	1150 ... 1560	
Deformationsschwingungen			
structure N−H	N−H DS	1650 ... 1560	
structure O−H	O−H DS	1410 ... 1260	scharf
structure (benzene)−H	C−H DS	900 ... 730	mehrere scharfe und substitutions-spezifische Banden (so genannte out-of-plane Schwingung, Schwingung aus der Ebene heraus)
C-Halogen-Bindungen			
−C−F	C−F VS	1400 ... 1000	scharfe Banden
−C−Cl	C−Cl VS	800 ... 600	
−C−Br	C−Br VS	750 ... 500	
−C−I	C−I VS	500	

Kohlenstoff-Sauerstoff-Valenzschwingungen in C=O-Doppelbindungen
(Die Absorptionsbanden sind häufig die intensivsten Banden im Spektrum)

Gruppe	Name	ca. Wellenzahl in cm^{-1}
structure (anhydride)	Säureanhydrid	1850 ... 1800 1770 ... 1740 zwei Banden
structure (acid chloride)	Säurechlorid	1815 ... 1740
structure (ester)	Ester, R=C	1750 ... 1735
structure (aldehyde/ketone)	Alkanal oder Alkanon, R=C, H	1740 ... 1680
structure (carboxylic acid)	Carbonsäure	1725 ... 1680
structure (amide)	Carbonsäureamid	1690 ... 1650 1640 ... 1600 zwei Banden

15 Extraktion und Chromatographie

15.1 Eluotrope Reihe der Lösemittel

Die Elutionskraft E^0 gibt die Adsorptionsenergie des Fließmittels (mobile Phase) pro Flächeneinheit des Sorbens (stationäre Phase) an. Je größer die Elutionskraft, desto weniger stark wird der Analyt am Sorbens absorbiert, desto stärker wird der Analyt mit dem Lösemittel transportiert, desto größer ist der R_f-Wert. 138
$E^0(Al_2O_3)$ ist die Elutionskraft an Aluminiumoxid relativ zu Pentan mit $E^0 = 0$. Am Sorbens Kieselgel ist die Elutionskraft geringer, die Reihenfolge der Lösemittel bleibt aber gleich. Die Dielektrizitätskonstante DK gibt an, in welchem Maße ein Stoff die Kapazität eines Kondensators gegenüber dem Vakuum erhöht. Sie ist ein grobes Maß für die Polarität eines Lösemittels.
Der MAK-Wert gibt die höchstzulässige Konzentration eines Stoffes in der Luft am Arbeitsplatz bei einer täglichen Einwirkungsdauer von 8 Stunden an.

Lösemittel	$E^0(Al_2O_3)$	DK in MPa* s bei 22 °C	MAK-Wert in mg/m³	Lösemittel	$E^0(Al_2O_3)$	DK in MPa* s bei 22 °C	MAK-Wert in mg/m³
Pentan	0,00	1,84	3000	Tetrahydro-			
Hexan	0,00	1,88	180	furan	0,45	7,4	150
Heptan	0,00	1,92	500	2-Butanon	0,51	18,5	600
Cyclohexan	0,04	2,02	700	Aceton	0,56	20,7	1200
Tetrachlor-				Dioxan	0,56	2,21	73
methan	0,18	2,24	65	Essigsäure-			
Xylol	0,26	2,3/2,5	440	ethylester	0,58	6,11	1500
Toluol	0,29	2,4	190	Acetonitril	0,65	37,5	69
Diethyl-				2-Propanol	0,82	18,3	500
ether	0,38	4,33	1200	Ethanol	0,88	24,3	1900
Dichlor-				Methanol	0,95	32,6	270
methan	0,42	9,08	350	Wasser	groß	80,4	

15.2 Stationäre Phasen bei der Dünnschichtchromatographie

Material	Hinweise
Cellulose, Stärke	geeignet für Aminosäuren, Zucker, Nucleinsäuren
Kieselgur, Celite	Kieselsäurehydrat, gereinigtes Naturprodukt aus abgelagerten Kieselalgen
Kieselgel	häufigste Verwendung als Sorbens, Korngrößen von 4 bis 13 µm, spezifische Oberflächen von 120 bis 720 cm²/g, Polarität der Oberflächen kann durch Regenzien stark verändert werden („oberflächenmodifizierte Kieselgele, chemisch gebundene Phasen, Umkehrphasen, reversed phase")
Aluminiumoxid	kann auf basische, neutrale und saure Reaktion eingestellt werden
Polyamide	hochmolekulare organische Polymere, Eigenschaften über Monomere und Polymerisationsgrad einstellbar

15.3 Ionenaustausch / Affinität

Je größer die Ladungszahl des Ions und je größer der Ionenradius, desto stärker wird es an die Ankergruppen des Ionenaustauschers gebunden. 110
In den nachfolgenden Reihen nimmt die Affinität der Ionen zu der Ankergruppe eines Ionenaustauschers von links nach rechts zu:

$$Li^+(aq) < H_3O^+(aq) < Na^+(aq) < K^+(aq) < Mg^{2+}(aq) < Ca^{2+}(aq) < Al^{3+}(aq)$$

$$OH^-(aq) < F^-(aq) < HCO_3^-(aq) < Cl^-(aq) < Br^-(aq) < I^-(aq) < SO_4^{2-}(aq)$$

Anhang

Griechisches Alphabet

$A\,\alpha$	$B\,\beta$	$\Gamma\,\gamma$	$\Delta\,\delta$	$E\,\varepsilon$	$Z\,\zeta$	$H\,\eta$	$\Theta\,\vartheta$
Alpha	Beta	Gamma	Delta	Epsilon	Zeta	Eta	Theta
$I\,\iota$	$K\,\kappa$	$\Lambda\,\lambda$	$M\,\mu$	$N\,\nu$	$\Xi\,\xi$	$O\,o$	$\Pi\,\pi$
Iota	Kappa	Lambda	My	Ny	Xi	Omikron	Pi
$R\,\varrho$	$\Sigma\,\sigma$	$T\,\tau$	$Y\,\upsilon$	$\Phi\,\varphi$	$X\,\chi$	$\Psi\,\psi$	$\Omega\,\omega$
Rho	Sigma	Tau	Ypsilon	Phi	Chi	Psi	Omega

Ausgewählte mathematische Grundlagen

Umstellen von Gleichungen Eine Größe erhält auf der entgegengesetzten Seite des Gleichheitszeichens stets den entgegengesetzten Rechenbefehl:

Aus $\dfrac{+}{-}$ wird $\dfrac{-}{+}$ Aus $\dfrac{\cdot\mid \textbf{Zähler}}{:\mid \textbf{Nenner}}$ wird $\dfrac{:\mid \textbf{Nenner}}{\cdot\mid \textbf{Zähler}}$

Proportionen	**Produktegleichung**	$a:b=c:d$	oder	$\dfrac{a}{b}=\dfrac{c}{d}$ ⤬ z.B. $a=\dfrac{b\cdot c}{d}$
	Außen- × *Innenglieder*	$ad=bc$	**Kreuzprodukt**	

Potenzen

Potenz $x=a^n=(a\cdot a\cdots a)$ a für Basis, n für Exponent $a^0=1$ $a^{-n}=\dfrac{1}{a^n}$

Gesetze $a^n\cdot b^n=(a\cdot b)^n$ $\dfrac{a^n}{b^n}=\left(\dfrac{a}{b}\right)^n$ $a^m\cdot a^n=a^{m+n}$ $\dfrac{a^m}{a^n}=a^{m-n}$

Wurzeln

Wurzel $x=\sqrt[n]{a}$ a für Radikand, n für Wurzelexponent $\sqrt{a}=\sqrt[2]{a}$

Gesetze $\sqrt[n]{a}=a^{\frac{1}{n}}$ $\sqrt[n]{a^n}=(\sqrt[n]{a})^n=a$ $\sqrt[n]{ab}=\sqrt[n]{a}\cdot\sqrt[n]{b}$ $\sqrt[n]{\dfrac{a}{b}}=\dfrac{\sqrt[n]{a}}{\sqrt[n]{b}}$

Logarithmen

Logarithmus $x={}^b\lg a$ a für Numerus, b für Basis ${}^b\lg b=1$ ${}^b\lg 1=0$

Dekadischer Logarithmus $10^x=a$ oder $x={}^{10}\lg a=\lg a$

Natürlicher Logarithmus $e^y=b$ oder $y={}^e\lg b=\ln b$ $e=2{,}718282\cdots$

Gesetze $\lg a\cdot b=\lg a+\lg b$ $\lg\dfrac{a}{b}=\lg a-\lg b$ $\lg a^n=n\cdot\lg a$ $\lg\sqrt[n]{a}=\dfrac{1}{n}\lg a$

Gleichungen

Gleichung ersten Grades mit 2 Lösungsvariablen Lineare Gleichung mit 2 Unbekannten
Aus zwei Gleichungen mit zwei Lösungsvariablen ist am einfachsten durch Addition oder Subtraktion *eine* Gleichung mit nur *einer* Lösungsvariablen aufzustellen.
Substitutionsverfahren Eine der Gleichungen wird nach einer der Lösungsvariablen entwickelt und der gefundene Ausdruck in die zweite Gleichung eingesetzt.

Gleichung zweiten Grades Quadratische Gleichung $Ax^2+Bx+C=0$

Umgestellt, Normform: $x^2+ax+b=0$ 2 Lösungen: $x_{1,2}=-\dfrac{a}{2}\pm\sqrt{\left(\dfrac{a}{2}\right)^2-b}$

Runden Bei errechneten M e s s ergebnissen gilt die vorletzte angegebene Stelle als sicher, nur die letzte Stelle kann unsicher sein.

Flächen

Quadrat

Fläche $A = a \cdot a$
$\quad = a^2$

Seitenlinie $a = \sqrt{A}$

Diagonale $D = a\sqrt{2}$
$\quad = a \cdot 1{,}4142 \cdots$

Kreis

Umfang $U = 2r \cdot \pi = d \cdot \pi$

$\pi = 3{,}14159265 \cdots = \dfrac{U}{d}$

Fläche $\quad A = r^2 \cdot \pi = \dfrac{d^2 \cdot \pi}{4}$

Radius $\quad r = \sqrt{\dfrac{A}{\pi}} = \dfrac{U}{2\pi}$

Durch-
messer $\quad d = \sqrt{\dfrac{4A}{\pi}} = \dfrac{U}{\pi}$

Rechteck

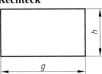

Fläche $A = g \cdot h$

Grundlinie $g = A/h$

Höhe $h = A/g$

Rhombus (Raute)

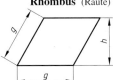

Parallelogramm

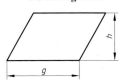

Dreieck

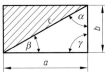

Die Fläche ist die Hälfte der Fläche eines Rechtecks, Rhombus, Parallelogramms

$A = g \cdot h/2 \qquad g = 2A/h$

$\qquad\qquad h = 2A/g$

← **Zu Trigonometrie**
Seite gegenüber Winkel
α: Gegenkathete a
β: Ankathete b von a
$\gamma(90°)$: Hypotenuse c

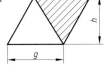

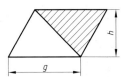

Rechtwinkliges Dreieck

$\sin\alpha = \dfrac{a}{c}, \quad \sin\beta = \dfrac{b}{c} \qquad a^2 + b^2 = c^2$ ‚Pythagoras'

Körper

Kugel

Volumen $\quad V = \tfrac{4}{3}\pi r^3$
$\qquad\qquad = \tfrac{1}{6}\pi d^3$
$\qquad\qquad = 0{,}5236\, d^3$
$\qquad\qquad \approx 0{,}5\, d^3$

Oberfläche $\quad A = 4\pi r^2$

Kreisring

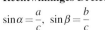

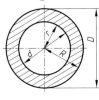

Radien $\quad R = \sqrt{\dfrac{A}{\pi} + r^2}$

$\qquad\qquad r = \sqrt{R^2 - \dfrac{A}{\pi}}$

Durch-
messer $\quad D = \sqrt{\dfrac{4A}{\pi} + d^2}$

$\qquad\qquad d = \sqrt{D^2 - \dfrac{4A}{\pi}}$

Fläche $\quad A = \pi(R^2 - r^2)$
$\qquad\quad = \dfrac{\pi}{4}(D^2 - d^2)$

Zylinder

Volumen $\quad V = A \cdot h = r^2 \cdot \pi \cdot h$

Mantelfläche $\quad A_M = \pi \cdot d \cdot h$

Oberfläche $\quad A_O = \pi \cdot d \cdot h + \dfrac{\pi \cdot d^2}{2}$

Würfel (Kubus)

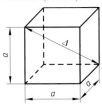

Volumen
$\quad V = a \cdot a \cdot a = a^3$

Grundfläche × Höhe

Oberfläche $\quad A = 6a^2$

Kantenlänge $\quad a = \sqrt[3]{V}$

Raumdiagonale $\quad \Delta = a\sqrt{3}$

Bezeichnung und Umrechnung von Einheiten

Zeichen	%	‰	ppm	ppb	ppt
Benennung	pro cent pro Hundert Prozent	pro mille pro Tausend Promille	parts per million	parts per billion (amerik.: billion) (deutsch: Milliarde)	parts per trillion (amerik.: trillion) (deutsch: Billion)

Wert	$1 \cdot 10^{-2}$	$= 10 \cdot 10^{-3}$	$= 10^4 \cdot 10^{-6}$	$= 10^7 \cdot 10^{-9}$	$= 10^{10} \cdot 10^{-12}$
Angabe	1%	$= 10\text{‰}$	$= 10^4$ ppm	$= 10^7$ ppb	$= 10^{10}$ ppt

Wert	$1 \cdot 10^{-12}$	$= 10^{-3} \cdot 10^{-9}$	$= 10^{-6} \cdot 10^{-6}$	$= 10^{-9} \cdot 10^{-3}$	$= 10^{-10} \cdot 10^{-2}$
Angabe	1 ppt	$= 10^{-3}$ ppb	$= 10^{-6}$ ppm	$= 10^{-9}$ ‰	$= 10^{-10}$ ‰

Reaktionskinetik

$$k = \frac{\ln(2)}{t}$$

Sachwortverzeichnis

Die Normblattangaben werden wiedergegeben mit Erlaubnis des DIN Deutsches Institut für Normung e.V. Maßgebend für das Anwenden der Norm ist deren Fassung mit dem neuesten Ausgabedatum, die bei der Beuth Verlag GmbH, Burggrafenstraße 6, 10787 Berlin, erhältlich ist.

ISBN 3-582-01234-9

Verlag Handwerk und Technik G.m.b.H.,
Lademannbogen 135, 22339 Hamburg; Postfach 63 05 00, 22331 Hamburg – 2005
E-Mail: info@handwerk-technik.de – Internet: www.handwerk-technik.de

Gesamtherstellung: Stürtz GmbH, Würzburg